彩图 1　埃及金字塔

彩图 2　帕提农神庙

彩图 3　罗马斗兽场

彩图 4　米兰教堂

彩图 5　比萨斜塔

彩图 6　巴黎圣母院

彩图 7　兰亭

彩图 8　岳阳楼

彩图 9　天一阁

彩图 10　中厅

彩图 11　文澜阁

彩图12　雷峰塔

彩图13　雷峰塔地宫文物——立佛

彩图14　廊桥

彩图15　土楼

彩图16　纤道

彩图 17　长城

彩图 18　诸葛村

彩图 19　塔

彩图 20　水乡

彩图 21　西湖风光

教育部高职高专规划教材

景观人文概论

（环境艺术设计专业适用）

中国美术学院艺术设计职业技术学院
王其全　编著

中国建筑工业出版社

图书在版编目（CIP）数据

景观人文概论/王其全编著．—北京：中国建筑工业出版社，2002

教育部高职高专规划教材

ISBN 978-7-112-04835-9

Ⅰ．景…　Ⅱ．王…　Ⅲ．景观—设计—高等学校：技术学院—教材　Ⅳ．TU98

中国版本图书馆 CIP 数据核字（2002）第 039300 号

本书共分五章，主要内容包括：景观人文、景观人文·园林景观、景观人文·建筑景观、景观人文·环境景观、景观人文·鉴赏等。本书附光盘一张，含与本书内容相关的彩图 200 余幅，便于老师教学与学生理解，亦可作为收藏之用。

本书可作为高职高专环境艺术设计专业教材，也可供相关专业师生学习参考。

教育部高职高专规划教材

景观人文概论

（环境艺术设计专业适用）

中国美术学院艺术设计职业技术学院

王其全　编著

*

中国建筑工业出版社出版、发行（北京西郊百万庄）

各地新华书店、建筑书店经销

北京建筑工业印刷厂印刷

*

开本：787 × 1092毫米　1/16　印张：7¾　插页：2　字数：184千字

2002年8月第一版　　2007年10月第二次印刷

印数:3,001—4,000册　　定价:**25.00**元（含光盘）

ISBN 978-7-112-04835-9

(10313)

目　录

第一章　景　观　人　文

第一节　景观人文的含义

在地理学中，“景观”的含义比较广泛：①一般的概念泛指地表自然景色；②特定区域的概念指的是某个区域的综合特征，包括自然、经济、人文诸多方面；③人与环境的有机整体。

从人类活动的多角度来分析，景观可分为自然景观和人文景观。自然景观是指未受人类活动影响或只受轻微影响，而其原有自然面貌没有发生明显变化的景观。人文景观是指受到人类直接影响和长期作用，而使自然面貌发生明显变化的景观，又可称为文化景观。人类按照其文化的标准对天然环境中的自然和生物现象施加影响，并把它们改变成为文化景观（《景观的形态》）。

景观人文是以景观和人文为研究对象，考察其发生发展的演变过程，研究各历史阶段的状态、现象，探究其规律和特点。景观是现象，人文是内核。本书主要以园林、建筑、城市、环境等这类最具人文内涵的景观作为研究对象，透过现象探视实质是我们的旨意。在对作为文化有机组成部分的景观人文的概述中，必然要涉及到社会学、文化学、美学、建筑学、城市规划、历史、地理等学科，借鉴其研究方法，吸收其研究成果。

第二节　景观人文的社会属性

人类的活动导致景观人文的出现，景观人文具有社会性特征。

一、政治、经济因素

在地球表面的各种自然景观和人文景观组成一个巨大的地表综合体。人类的出现对地球表面景观的形成和发展具有极大的影响，自然景观被改造，景观人文被创造。由于人类生存与活动的自然环境存在着较大的差异，因此人类的政治、经济、文化等也都存在着明显的差异，景观人文也因此而呈现出丰富多彩的差异性。

政治往往在景观人文当中烙上深深的印记，每个历史时期，景观人文都呈现出不同的风格特征。如古希腊城邦的形成及其建制；中国皇宫、陵寝等建筑中的“皇权”特征。不同的经济制度、经济形势同样地会对景观人文产生影响。简而言之，经济繁荣，景观人文兴盛，建筑规模巨大，人文内涵丰富，社会经济的影响作用显而易见。比如，社会经济发展的快慢直接影响着建筑的发展，反过来，建筑的变革发展也促进经济的发展，带动社会的进步。政治、经济因素在某一历史阶段可直接起决定作用。

二、科学、文化因素

景观人文始终与科学文化密切相关联。人类处于蒙昧时期茹毛饮血阶段，生存还是个问题，也就不可能去欣赏“景观”、建造“景观”。但有一点可以肯定，我们的祖先在与大自然的斗争过程中，学会并积累了有利于生存和发展的知识，提高了抗拒自然灾害和外来侵袭的能力。经过一代又一代的薪火传承，进而推动了人类物质文明的进步和发展。景观人文体现着人类的智慧和文化的积淀。如河姆渡遗址，是世界著名的新石器时代遗址，其干阑式建筑考虑了冬暖夏凉的居住要求，朝南、偏东8°～10°的朝向设计，无疑昭示着科学文明的光芒。还有众多巍峨的宫殿、秀丽的园林、古朴的寺庙、奇特的楼塔、精妙的桥梁等建筑，都显示着科技的发展和文明的进步。

三、宗教、传统因素

景观人文着眼于对人类文化区域活动的组成及相互联系的研究。由于地理区域的不同，在地球不同的空间和区域中形成不同的景观人文模式。通常划分为五种：以儒家文化为中心的东亚文化圈。以基督教为中心的欧美文化圈。以天主教文化为中心的拉丁文化圈。以伊斯兰教为中心的阿拉伯文化圈。以印度教文化为中心的南亚文化圈。景观人文除了当代景观以外，大都是人类历史发展的产物，在其内容、形式、结构等因素中深刻地反映出历史和传统的特征。宗教因素和传统习俗等人文因素对景观影响至深。如教堂、祭台、古刹、古塔、民居村落等等。

第三节 景观人文的本质属性

景观人文是整个人类生产、生活活动的艺术成果和文化结晶，是人类对自身发展过程的科学的、艺术的概括，是物化的历史。景观是物质基础，是人文的载体。人文是内涵，是精神方面的东西。景观人文体现着深厚的文化积淀，具有审美价值和审美意义。

1972年11月16日，在巴黎召开的联合国教育、科学及文化组织大会第17届会议上通过了《保护世界文化和自然遗产公约》，并于1975年12月17日生效。这一公约对自然景观和人文景观遗产资源的认识和保护，提供了更为全面的价值评价、分析与参照。“公约”要求列入《世界遗产名录》的文化遗产应具有以下任何一种特质：代表一种独特的艺术成就，一种创造性的天才杰作；在一定时期内或世界某一文化区域内，对建筑艺术、城镇规划或景观设计方面的发展产生过重大影响；能为一种现实的或为一种消逝的文明或文化传统提供一种独特的或至少是特殊的见证；可作为一种类型建筑物或建筑群或景观的杰出范例，展示人类历史上一个或几个重要阶段；可作为传统的人类居住地或使用地的杰出范例，代表一种或几种文化，尤其在不可逆转的变化之下容易毁损的地点等。世界遗产要求的不仅仅是少数决策者对文化遗产的重视，而且，要求每一个和遗产发生关系的个人和单位，都具有良好的环境观、审美观、大局观、历史文化和科学修养以及优良的文明举止。人们精神境界和实际操守的净化与提升，无形中使社会的凝聚力、进取心、自尊心和自豪感空前显现并大大增强，对景观人文的深入研究很有现实意义和长远意义。

景观人文的本质属性可概括为：自然性、景观性、人文性、审美性。

一、自然性

亦称为原生性。景观人文大都是以自然物质作为前提，人们充分发挥自己的想像力和创造力，对自然进行加工、改造，形成自然美与人工美的完美统一体。有的景观原本为自然景观，但因人的活动加之于其上而使其有了显著的文化特性。如中国的泰山，本是自然山水风光，由于历代帝王的封禅、勒石、修庙建祠，文人墨客的题诗作赋，使之洋溢着浓郁的文化气息，堪称壮丽景观人文而无愧。但即便如此，我们仍不能只见“人杰”而无视“地灵”这一自然特性。

二、景观性

又称作艺术性。景，有景物、景致、

景象、景色之意，即客观存在的事物；观，观察、观赏、观光，即倾注了人的主观感受、主观意识。花因感时而溅泪，鸟为恨别而惊心。能够触发人们强烈的审美意识之“景”，无疑具有艺术性的特征。可供人们欣赏，这也是景观之所以成为景观的要义所在。

三、人文性

文化即是由于人类活动添加在自然景观上的各种形式，人类按照其文化标准，对天然环境中的自然和生物现象施加影响，并把它们改变成为文化景观（美国学者索尔《景观的形态》）。景观人文主要表现为古园林、古建筑、古城镇、历史遗迹、文化遗产和民族风情等，所有这些，都是人类生产、生活和文化艺术活动的结晶，是各个不同历史时期文化艺术的反映，是物质文明与精神文明的高度统一体。在景观中可以寻找到文化发展的清晰脉络及其历史地位和文化价值。

四、审美性

作为文化有机组成的一部分，景观人文除作为一般性的审美对象，更可从中解析出文化的“基因”，作文化教育意义上的判读。仅仅满足于从专业角度去解构、辨别、判断，就有可能会落入“技术派”的窠臼之中。只见到“树木”，而漠视了“森林”。景观人文是一部教科书，除展示自身的发生发展变化的过程以外，展示着历史发展的轨迹，折射出人类文明的璀璨光芒。人们不仅可以得到美的享受，还能得到文化的教育和历史的启迪。

第四节　景观人文的评价

“观乎天文，以察时变；观乎人文，以化成天下”（《易·贲卦·象传》）。在中国人的观念中，人文与天文，即人与自然相随相伴，具有永恒的关系。景观人文包容范围甚广，对景观人文的作用及其意义的评价，显然不能够笼统论说，应根据实际情况，针对具体事物而言。

园林景观人文资源极为丰富。它包含着自然的美、艺术的美和社会的美。因人的劳动而构建了别有灵气的家园。虽是“模山范水”，却也“宛自天开”。取法自然，师法自然，最重要的精髓是尊重自然。同时，园林又是多种艺术的综合体，与文学、绘画、书法、雕塑、工艺美术等相结合，创造了极为雅致的艺术意境，又与包括天文、地理、哲学、美学、植物、建筑、水文等在内的多种门类学科的结合，形成一座自成体系的园林艺术的“大观园”。历史沿革、园林法则及构建艺术的传承和演进，风格特点的差异变化，审美情趣的个性化，哲学观的凸现，经济的繁荣，科技的发展等等，无不体现着人类为自身获取美的享受所作出的努力及取得的成果。

建筑景观人文的价值。作为大地营构的建筑景观是物化的历史。既要考察其现状，还要追溯其历史发展的过程，更要揭示出其个性特点和发展规律。尊重前人的创造，珍惜文明的成果，保护人类共同的财富，是我们应有的科学态度。从河姆渡的水井到民居旁的池塘，从巢居穴居到高楼崇阁，都显现着人类文明的进步轨迹。研究总结这一“空间的艺术”，对我们今天乃至将来的活动都有着重要的参考价值和借鉴作用。

环境景观人文价值。对曾经经历过“天当被、地当床”的人类来说，不仅仅需要关注生活的空间——房屋，还要关注活动的空间——城市，以及生存的空间——自然环境。古人“傍水而居”、“风水至上”，正说明了人类基于“趋利避害”的心理和生存发展的需要，重视与自然密不可分的关系。人类在对自然万物的观照中，也得到美的享受，感悟到自身生命的价值和意义。人与自然的和谐相处，是人类共同的美好愿望。随着社会的发展，科技的进步，人对自然环境的关注也日见加强。美化、优化人类生存、生活的环境，是现代文明建设的一项重要内容。对山水名胜自然景观的文化内涵的挖掘，则是落实到行动的具体体现。保护、开发、利用好景观资源的前提，应当是充分的认识其价值。面对一个湖、一条江、一座山、一片林、一个洞穴，乃至一块石头，都需要我们倾注一种情感、一份关爱。人类应以博大的胸怀，去珍惜大自然所赐予我们的生存环境。同样，作为人类文明的成果之一的城市也是如此。城市有文脉，我们无法也不应割断历史。然而在现实条件下，这文脉又是如此的脆弱，一不小心，就会丧失于现代人的所谓“文明”建设之中。一个城市的文明标志，并不在于它在古老文化废墟上，兴建了多少座耀眼夺目的现代化高楼大厦，而更应该看重她对民族文化遗产的爱护和保留，她的属于个性的，别人不可复制的特色的美丽。一个物种的灭绝是重大损失，一种文化及其表达方式的灭绝，也是无法弥补的损失。

现代人应该清醒地认识到，景观不仅仅是风景，而是历史的延续；人文也不是点缀，而是一种文化的因素和生命信息的再现。

思考题

1. 景观人文的含义。
2. 谈谈科学文化与景观人文的联系。
3. 简述景观人文的审美特点及价值。

第二章　景观人文·园林景观

第一节　园林景观概述

人是万物之灵，人离不开大自然。伴随着城市的出现，人与大自然环境产生了相对的隔离，隔离程度越高、时间越久，人们寻求直接亲近大自然的心情就越迫切，甚至想创造一种间接的补偿方式，这就是园林产生的基本成因。

园林的产生与发展，与其所从属那个历史阶段的政治、经济、文化背景是分不开的，概述园林景观的发展，必须以此为评价基点。据周维权《中国古典园林史》所述，一般分为四个阶段。

第一阶段。人类社会的原始时期，主要以狩猎和采集来获取生活资料，生产力十分低下，人对外部自然界的主动作用十分有限，几乎完全依赖大自然，人与自然环境之间呈现为亲和的关系，在这种情况下，当然没有必要也不可能出现园林景观。直到后来，聚落附近出现了种植场地，有了果木蔬圃，客观上这已接近于园林的雏形，开始了园林的萌芽状态。

第二阶段。古代亚洲和非洲的一些大河流域，首先发展了农业，人类进入以农耕经济为主的文明社会。人们对自然界有所了解并自觉地加以开发，创造了农业文明特有的“田园风光”，随着生产力的进一步发展和生产关系的转变，产生了国家和阶级分化，出现了大小城市和集镇。居住在其中的统治阶级，为了补偿与大自然环境隔离的情况而建造各式园林，即在一定的地段范围内，利用改造天然山水地貌，或者人为地开山辟水，栽培植物、花卉，布置营造建筑，畜养飞禽走兽，从而构成一个以视觉景观为主的游憩、生活环境。这一阶段园林经历了由萌芽、成长而兴旺的漫长发展过程，形成了丰富多彩的时代风格、民族风格和地方风格。其特性是：①绝大多数直接为统治阶级服务或者私有；②主流表现为封闭的、内向型的；③追求视觉的景观之美和精神寄托为主要目的；④由工匠、文人和艺术家参与建造。

第三阶段。18世纪中叶，许多国家由农业社会过渡到工业社会。工业文明的兴起极大地提高了生产力水平，科学技术的发展为人们开发大自然提供了更有效的手段。但随之而来的是生态环境的恶化，人与自然的关系由亲和转向对立与排斥。有识之士纷纷提出各种改良学说。F·L·奥姆斯托德（Frederick Law Olmsted 1822—1903）是开创自然保护和现代城市公共园林的先驱者之一。1857年，他与C·沃克斯（Calvert Vaux）合作，利用纽约市内大约348公顷的一块空地，改造、规划成为市民公共游览、娱乐的用地，这就是世界上最早的城市公园之一——纽约“中央公园”。随后，由他主持又陆续设计建成费城的“斐蒙公园”、布鲁克林的“前景公园”、华盛顿特区的国会山园林绿化以及波士顿的公园林荫路系统等等。他把自己所从事的工作称之为景观规划设计（Landscape architecture），以区别于传统的景观园艺（Landscape gardening）。他提出“把乡村带进城市”的概念，使城市趋向园林化。奥姆斯托德的城市园林化的思想逐渐为公众和政府所接受，于是，“公园”作为一种新兴的公共园林在欧美的大城市普遍建成，并陆续出现街道、广场绿化，以及公共建筑、校园、住宅区的园林绿化等多种形式的公共园林。英国学者E·霍华德(Ebenezer Howard 1850—1928)，在《明日的花园城市》一书中提出了著名的“田园城市”的设想，他与奥姆斯托德的实践活动共同形成了现代园林的概念。

19世纪末期，造园家开始探索运用生态学来指导园林的规划，用不同树龄、不同树种的丛植来进行公园的植物配置，形成一个类似自然群落、能够自我维护的结构。以后，又陆续出现运用生态学的原理设计城市绿化和城市防护林带的尝试，收到了一定的效果。这些初步尝试所取得的成就，又为现代园林的规划设计注入了新鲜血液。

第四阶段。第二次世界大战后，世界园林的发展又出现新的趋势。大约从20世纪60年代开始，在先进的发达国家和地区，经济高速腾飞，进入了后工业时代或曰信息时代。人们的物质生活和精神生活的水平较前大有提高，有了足够的闲暇时间和经济条件，来参与各种有利于身心健康的业余活动。其中，与接触大自然、回归大自然有着直接关系的休闲（recreation)、旅游（tour）活动得到迅猛的发展。同时，人类也面临着诸如人口爆炸、城市膨胀、能源枯竭、环境污染、生态失调等严峻问题。维护宏观区域范围内的生态平衡，把过去所造成的恶性循环逐渐改善为良性循环，把社会经济的发展规律与生态规律协调起来，必须实施可持续发展战略。人与大自然的理性适应状态逐渐升华到一个更高的境界，二者之间由前一阶段的排斥、对立关系又逐渐回归为亲和的关系。

城市的飞速发展改变了建筑和城市的时空观，建筑、城市规划、园林此三者的关系已经密不可分。园林学的领域大为开拓，成为一门涉及面极广的综合学科，园林景观艺术作为环境艺术的一个重要组成部分，它的创作不仅需要多学科、多专业的综合协作，公众亦作为创作的主体而参与部分的创作活动。因此，跨学科的综合性和公众的参与性便成了园林艺术创作的主要特点，并从而建立相应的方法学、技术学和价值观的体系。园林的内容将会更充实、范围将会更扩大，它向着宏观的人类所创造的各种人文环境全面延伸，同时又广泛地渗透到人们生活的各个领域。

中国园林艺术和西方园林艺术是世界园林艺术的两大流派。风格迥异，下面列表加以对照。

序别		西方园林艺术风格	中国园林艺术风格
1	布局	几何形规则式布局	生态形自由式布局
2	道路	轴线笔直式林荫大道	迂回曲折，曲径通幽
3	树木	整形对植、列植	自然形孤植、散植
4	花卉	图案花坛，重色彩	盆栽花卉，重姿态
5	水景	动态水景：喷泉瀑布	静态水景：溪池滴泉
6	空间	大草坪铺展	假山起伏
7	雕塑	石雕具象（人物动物）	大型整体太湖巨石
8	取景	对景：视线限定	借景：步移景换
9	景态	旷景：开敞袒露	奥景：幽闭深藏
10	风格	骑士的罗曼蒂克	文人的诗情画意

一、外国古代园林景观

巴比伦空中花园

建于公元前6世纪，被誉为世界七大奇观之一。此园建有不同高度的越上越小的台层，以组合成剧场式的建筑物。每个台层以石拱廊支撑，拱廊架在石墙上，拱下布置成精致的房间，台层上面覆土，种植各种树木花草。

古希腊园林

古希腊是欧洲文明的发源地，公元前

10世纪时就有贵族花园。园中一般种植果树、蔬菜、药草，也引溪水入园。园中以柱廊环绕，配置有小径、凉亭、座椅、神像、喷泉、雕塑、瓶饰等。

古罗马花园

受古希腊园林的影响，建造许多宫苑和贵族庄园，将园林设计成为建筑的户外延续部分。将园林地形、水景、植物设计为规则的几何形。

日本庭园

主要受到中国园林艺术影响，后经过长期实践和创新，逐渐形成日本的水石庭园林风格。早期有掘池筑岛的传统，喜欢在池中设岩岛，池边置叠石，池岸和池底敷石块，环池布置屋宇。日本园林形式主要有林泉式、筑山式、平庭、茶庭和枯山水等。

英国自然风景园林

是指英国18世纪发展起来的自然风景园林。这种风景园林以开阔的草地、自然式种植的树丛、蜿蜒的小径为特色，又称为"牧园"式园林。

美国城市花园

主要受英国自然风景园林的影响。

世界上的各个地区、各个民族，历史上的各个时代，由于文化传统和社会条件的差异而形成各自的园林风格，有的相应于成熟的文化体系而发展为独特的园林体系。世界园林景观有三个主要类型：中国式园林、阿拉伯式园林和希腊罗马式园林。

阿拉伯式园林建筑景观，是由猎苑逐渐演变为游乐性波斯园林，它重视对沙丘的利用，布局多以水池为中心，最终形成伊斯兰式园林建筑景观。希腊罗马式园林建筑景观，是古希腊通过波斯学到的造园方法，以后逐渐发展形成山庄园林。中国式园林自成体系，独树一帜。

二、中国古代园林景观

中国式园林景观最基本的特征是追求自然美。其中主要特点是模仿自然风景，因地制宜，巧妙点化，尤其是运用借景、对景、添景、透景、障景、框景等造园手法，造房架屋、叠山理水、围廊立亭，将建筑物体与小桥流水、山石花卉和谐地融为一体，达到"虽由人作，宛自天开"的最佳妙境。中国式园林景观持续发展、演进的过程，是社会政治、经济、文化三者之间的平衡与再平衡的过程，其逐渐完善的主要动力，也是得之于上述三者的自我调整而促成的物质文明和精神文明的进步。

中国园林景观最早可追溯到公元前12世纪，即商周时期。贵族的宫苑是其滥觞，也是皇家园林的前身。"囿"为园林建筑的雏形；其功能有划地种植植物和圈养动物，狩猎取乐，进行礼仪或娱乐活动。周文王时国力强盛，迁都丰京后，除经营皇室，另在城郊建成著名的灵台、灵沼、灵囿。其位置大约在现今陕西户县东面、秦渡镇的北面一带。三者既独立又相连，总体上构成规模较大的贵族"园林"。

关于这座园林的情况，《诗经·大雅·灵台》中有具体的描写："经始灵台，经之营之；庶民攻之，不日成之。经始勿亟，庶民子来；王在灵囿，麀鹿攸伏。麀鹿濯濯，白鸟翯翯；王在灵沼，于牣鱼跃。虡业维枞，贲鼓维镛；于论鼓钟，于乐辟雍。于论鼓钟，于乐辟雍；鼍鼓逢逢，矇瞍奏公。"根据诗中所描述的，其中有山、有水、有动物、有植物，还有祭祖、娱神的热闹场面，可见灵台的修建，除了通神、望气、游观的功能之外，还有政治的用意。

春秋战国时期，"礼崩乐坏"，诸侯国势力强大，周天子地位式微。诸侯国君摆脱宗法制度的约束，竞相在郊野修建豪华宫苑。这些宫苑虽然一方面保留着自上而下沿袭下来的如栽培、畜养、通神、望天的功能，但游观赏玩的功能已明显上升到主要地位。姿态秀美的树木花草成为造园的要素，建筑物则依地势地貌而构建，成为观赏的景观，广袤的水体则为游玩提供了场所。人为的环境之中，依然营造出大自然的美妙。众贵族园林中，最有特点、最为著名的有楚国的章华台、吴国的姑苏台。

[名景·名文] 清 宋荦《姑苏台记》

予再莅吴将四载，欲访姑苏台未果。丙子五月廿四日，雨后，自胥江泛小舟，出日晖桥。观农夫插莳，妇子满田塍，泥滓被体，桔槔与歌声相答，其劳苦殊甚。迤逦过横塘，群峰翠色欲滴。未至木渎二里许，由别港过两小桥，遂抵台下。

山高尚不敌虎丘，望之，仅一荒阜耳。舍舟，乘竹舆，缘山麓而东。稍见村落，竹树森蔚，稻畦相错如绣。山腰小赤壁，水石颇幽，仿佛虎丘剑池。夹道稚松丛棘，蘼蔔点缀其间，如残雪，香气扑鼻。时正午，赤日炎歊，从者皆喘汗。予兴愈豪，褰衣贾勇，如猿猱腾踏而上。陟其巅，黄沙平衍，南北十余丈，阔数尺，相传即胥台故址也，颇讶不逮所闻。

吾友汪钝翁记称："方石中穿，传为吴王用以竿旌者；又矮松寿藤，类一二百年物。"今皆无有。独见震泽掀天陷日，七十二峰出没于晴云淼淼中。环望穹窿、灵岩、高峰、尧峰诸山，一一献奇于台之左右。而霸业销沉，美人黄土，欲问夫差之遗迹，而山中人无能言之者，不禁三叹。

从山北下，抵留云庵。庵小有泉石。僧贫而无世法，酌泉烹茗以进。山中方采杨梅，买得一筐，众皆饱啖，仍携其余舟中。时已薄暮，饭罢，乘风容与而归。

侍行者，幼子筠、孙韦金、外孙侯晟。六日前，子至方应试北上，不得与同游。赋诗纪事，怅然者久之。

注：姑苏台是吴中胜地，享名已久。穿越时间的长河，古迹仍有极强感染力，得益于文化传承之功。

秦汉时期，政体演变为中央集权的郡县制，确定皇权为首的官僚统治，儒学逐渐获得正统地位。大一统的封建帝国所独有的霸气，也就使得皇家宫廷的园林规模宏大，气魄宏伟。秦时最为著名的上林苑原为秦国的旧苑，至晚建成于秦惠王时，秦始皇再加以扩大、充实，成为当时最大的一座皇家园林。它的范围，南面包括终南山北坡，北界渭河，东面到宜春苑，是大朝所在的政治中心，也是上林苑的核心。此外，还有许许多多的宫、殿、台、馆散布在各处，它们都依托于各种自然环境、利用不同的地形条件而构筑，有的还具备特殊功能和用途。例如，长杨宫、射熊馆在上林苑的极西，秦昭王时已建成作为王室游猎的地方，秦始皇加以修葺，作为狩猎专用的离宫。据《三辅黄图》："始皇广其宫，规恢三百里。离宫别馆，弥山跨谷，辇道相属，阁道通骊山八十余里。表南山之颠以为阙，络樊川以为池，阿房前殿，东西五十步，南北五十丈，上可坐万人，下建五丈旗。以木兰为梁，以磁石为门，怀刃者止之……周驰为复道，度渭属之咸阳，以象太极阁道抵营室也。"规模极大，范围极广，构建错综复杂。天上是从天级星通过阁道过银河到达营室；地下的宫苑是从咸阳宫通过复道过渭水到达阿房宫。可见秦始皇的"朝宫"是参照神话中天帝之都营造的人间天堂，规模宏伟壮丽，随自然形势而筑，以表示帝皇的至高无上。据《三秦记》载，秦始皇还在咸阳"作长池，引渭水筑山为蓬莱山"，模拟的是神仙海岛，中国园林以人工堆山的造园手法即从此开始。"（长杨宫）本秦旧宫，至汉修饰之以备行幸。宫中有垂杨数亩，因为宫名，门曰射熊观，秦汉游猎之所。"上林苑内森林覆盖，树木繁茂，郁郁葱葱。汉代的《上林赋》、《西京赋》中有精彩的描述。

汉代建宫设苑不下三百处，如汉刘武所建的兔园等，都开创了"模山范水"配以花木、房屋建筑而成为风景园林景观的造园风格。洛阳经济繁荣，造就了一批富商大贾，他们为了炫耀自己的财力，表现自己的社会地位，也开始建造私园，但与帝王达官比，毕竟规模有限，他们只能模仿天然山水来造假山水，开了“模山范水”的先河。西汉时，茂陵富商袁广汉，藏镪巨万，家僮八九百人，他的私园建在洛阳北邙山下：“东西四里，南北五里，激流水注其内。构石为册，高十余丈，连延数里。养白鹦鹉、紫鸳鸯、牦牛、奇兽珍鹤，延漫林池。奇树异草，靡不具植。屋皆徘徊连属，重阁修廊，行之移晷不能遍也。”

魏晋南北朝是个转折时期，由于战争频繁，国家处于分裂状态，意识形态方面突破了儒学的正统地位。文人士大夫崇尚清谈，礼佛养性，居城市而又迷恋自然山林野趣，使得寺观园林景观兴盛起来。造园活动向全盛过渡，园林美学思想得到确立。当时最大的寺院为建康的同泰寺，即今南京的鸡鸣寺。如今保持完好的佛寺有：泉州的开元寺、杭州的灵隐寺。从南朝开始，我国的园林向自然山水园林发展。凿池构山，形成人工自然山水，从而达到妙极自然的意境。在园林总体布局上，以山水为主题，创造了自然山林景色为造园的主要目的。假山成为园景的重要组成部分。结合地形堆造假山，使山路崎岖迂回，峰峦回抱，洞壑幽深。临水构峭壁危崖，或为曲岸，或建石矶，使山水的结合更为自然。山上配植高林巨树，或垂蔓悬葛，移花栽木，宛若自然山林。在形体高大的山林中增建亭阁，俯瞰全园或眺望园外，达到扩大空间的艺术效果。山林阻隔视线，增加园中宁静的气氛。在堂前房后，叠石为山，或依墙面构造石壁，点缀花木，构成极好的图画。自然山水园中水的处理，有的用自然水面，有的人工开凿；或聚或分，聚则水面辽阔，分则似断还连，构成曲折深邃的自然情景。

唐宋时，中央集权机构更为健全完善。在前一时期诸家争鸣的基础上形成儒、道、释互补共尊，但儒家仍占正统地位。唐朝的建立，开创了历史上一个意气风发，勇于开拓，大度包容的全盛时代。从这一时代，我们看到中国传统文化前所未有的闳放的气度和旺盛的生命力。两宋，是中国文化史上的一个重要阶段。“华夏民族之文化历数千载之演进，造极于赵宋之世”（陈寅恪语）。园林景观作为文化的重要内容之一，当然也不例外，进入完全成熟的时期。作为园林体系，从内容到形式趋于定型，造园的技术和艺术达到了有史以来的最高水平。

宋代在地主小农经济十分发达的同时，城市商业和手工业也空前繁荣，资本主义因素已在封建经济内部孕育。张择端在《清明上河图》中描述的就是这种繁华景象。经济的高度发展，带动了科学技术的进步，宋代的科技成就在当时世界上居于领先地位，在自然科学方面的研究也有许多创见和专论。建筑技术方面，李明仲的《营造法式》和喻皓的《木经》，是当时发达的建筑工程技术实践经验的理论总结。文化政策的宽松，活跃了文人的思想，新儒学“理学”学派林立。较之以往，两宋人文盛况远胜过前代。唐宋两代是我国历史上诗词、绘画极为繁荣的时期。文人不仅写园、画园，而且评园、造园、规划设计园，把诗情画意倾注到园林之中，使园林景观所适合的主体情致进一步浓化，体现了审美观念的质的变异和飞跃。他们在置石、叠山、理水、莳花、植木方面都十分考究，技艺日趋精湛，人造建筑与自然环境的融合十分贴切，最终导致写意山水园林的出现。代表作是汴京（今洛阳）西北的“寿山艮岳”。它建造在城市之中，称为“城市园林”，是北宋最大的园林建筑，宋徽宗经营了十余年的帝王园苑（图 2-1）。

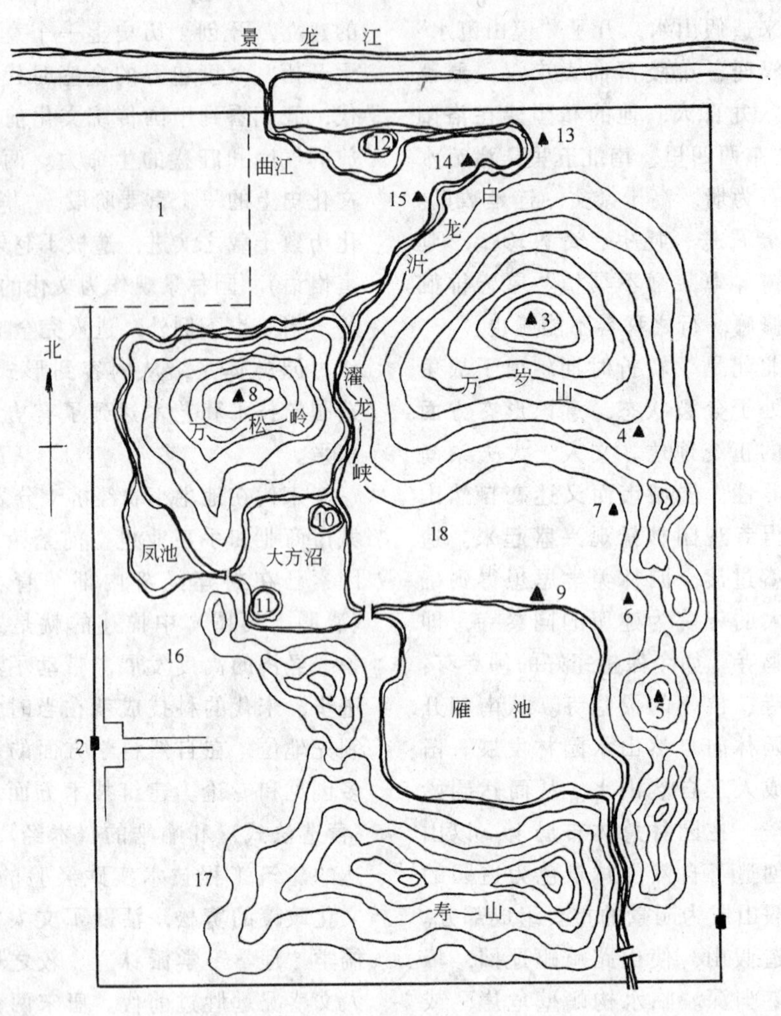

图 2-1 艮岳平面设想图

1—上清宝箓宫；2—华阳门；3—介亭；4—萧森亭；5—极目亭；6—书馆；7—萼绿华堂；8—巢云亭；9—绛霄楼；10—芦渚；11—梅渚；12—蓬壶；13—消闲馆；14—漱玉轩；15—高阳酒肆；16—西庄；17—药寮；18—射圃

《宋史·地理志》中记载："寿山艮岳周十余里，其最高峰九十步。山之东有书馆、八仙馆、紫石岩、栖贞磴、览秀轩、龙吟堂。山之南则寿山西峰并峙，有雁池、北直绛霄楼。山之西有药寮、西庄、巢云亭、濯龙峡……"。宋徽宗爱石成癖，为建艮岳，他不惜大兴"花石纲"，命朱冲、朱勔父子专搜江浙奇花异石。这座饱浸着劳动人民血汗的艮岳，在北宋末年，金兵围攻东京时被毁。金兵破城后，从所剩的太湖石中挑选了一批，运往金国都燕京。北宋灭亡后，花石纲即告完结。其他来不及启运或沿途散失的太湖石，就流落各地。幸存至今的，有上海豫园的"玉玲珑"、杭州西湖的"绉云峰"、南京瞻园的"仙人峰"、苏州留园的"冠云峰"等。北宋京都的苑囿除艮岳之外，还有多处，其中以金明池和琼林苑最为有名。

另外，以优美的自然风景为基础，加以人工规划布置，创造出各种意境的风景景观，此种景观也深受文人画家影响。具有写意园林艺术的特色和丰富的人文内涵，典型之作为杭州西湖十景：苏堤春晓、柳浪闻莺、花港观鱼、曲院风荷、平湖秋月、断桥残雪、雷峰夕照、南屏晚钟、双峰插云、三潭印月。这十景从南宋至今，已有近千年的历史，可以想见，文化积淀之深厚。(周维权《中国古典园林史》)

[名景] 西湖

“西湖天下景”。西湖是诗、是画，西湖像一面晶莹的明镜，反射出杭州这座“人间天堂”的风韵和魅力。西湖，古称武林水。传说湖中曾有金牛出没，是“明圣之瑞”，所以又称金牛湖、明圣湖。唐代，因湖在钱塘县境内，就叫它钱塘湖，又因在城西，名西湖。苏东坡在杭州做地方官时写下的脍炙人口的诗句：“水光潋滟晴方好，山色空濛雨亦奇；欲把西湖比西子，淡妆浓抹总相宜。”诗人把西湖比作了古代越中的美女西施，因此，西湖又多了一个芳名，叫西子湖。

杭州西湖是我国30多处以“西湖”命名的湖泊中风光最为绮丽、最为著名的一处，很早享有“胜甲寰中”的盛誉。西湖，三面云山，中涵碧水。现在全湖面积为568公顷，南北长约3200米，东西宽约2800米，绕湖一周近15公里。湖中的孤山是西湖最大的岛屿，它像一颗绿色的宝石，镶嵌在湖的北面。著名的白堤、苏堤，犹如两条轻柔的缎带，飘逸于泱泱碧水之上。由于堤、岛的分割，西湖共分为五个水面，即外湖、北里湖、西里湖、岳湖和小南湖，其中外湖面积最大，占整个湖面的78%。外湖中的三潭印月、湖心亭、阮公墩三个小岛鼎足而立，如同我国古代神话中的海上三仙山，在薄雾轻霭中，显得虚灵缥缈，使西湖更蒙上一层扑朔迷离的面纱。环湖四周，繁花似锦，芳草如茵，画桥烟柳，云树笼纱。绿荫丛中，掩映着精美的楼台亭榭，一个个各具特色的公园、风景点，连缀成色彩斑斓的大花环，使人悦目清心。

西湖不仅独擅山水秀丽之美，林壑幽深之胜，它更有丰富的文物古迹，优美动人的神话传说。西湖把自然、人文、历史、艺术融为一体。它既为人们提供了清新舒适的环境，又给人以文化艺术的熏陶；它是休憩、游览、观光的胜地，也是进行美育、科学和爱国主义教育的场所。1983年，经国务院批准，西湖风景名胜区为国家重点风景名胜区。风景区以湖为主体，总面积60平方公里。

西湖自汉代形成后，湖东还是一片沙洲，人们的生息活动主要是在湖西地区。从东晋到隋朝，在灵隐、天竺和玉泉山一带相继建起了一些寺庙，这是西湖风景建设的最早时期。而最早深刻地揭示西湖风景美的是唐代的白居易。“江南好，风景旧曾谙。日出江花红胜火，春来江水绿如兰。能不忆江南。”“江南好，最忆是杭州，山寺月中寻桂子，郡亭枕上看潮头。何日更重游?”白居易在杭州三年，写下了许多赞美西湖的诗篇，淋漓尽致地描绘了西湖迷人的自然风光，向人们揭开了西湖的面纱，使更多的人窥见了西湖的美。

经五代吴越到北宋，杭州已是“万家掩映翠微间”，城市有了巨大的变迁，西湖也经历了第一次大规模建设，逐渐成了游览胜地。王安石曾有一首写杭州的诗：“游观须知此地佳，纷纷人物敌京华。林峦腊雪千家水，城郭春风二月花。彩舫笙箫吹落日，画楼灯烛映残霞。如君援笔宜摹写，寄与尘埃北客夸。”苏东坡说：“西湖天下景，游者无愚贤；深浅随所得，谁能识其全?……所至得其妙，心知口难传。”此时的西湖确实已和汉唐时期不可相比了。南宋的特殊政治历史背景，给西湖带来了畸形的繁华，出现了名传千载的“西湖十景”。

“西湖十景”源出于南宋画院的山水画题名。画院的著名画家马远曾画过水墨西湖十景，如柳浪闻莺、两峰插云、平湖秋月等。僧人若芬也画了西湖风景图十幅。和他们同时代的祝穆在《方舆胜览》一书中说：“西湖在州西，周回三十里。山川秀发，四面画舫遨游，歌鼓之声不绝。好事者尝命十题，有曰：平湖秋月、苏堤春晓、断桥残雪、雷峰落照、南屏晚钟、曲院荷风、花港观鱼、柳浪闻莺、三潭印月、两峰插云。”嗣后，画院的陈清波及马麟等又为十景画图，同时王洧题了湖山十景诗，陈允平写了十景词，王洧的诗将“雷峰落照”写为“雷峰夕照”，自此，十景的题名就广为流传，成了西湖风景的代表。

元末，有人仿西湖十景又创“钱塘十景”即：六桥烟柳、九里云松、灵石樵歌、冷泉猿啸、葛岭朝暾、西湖夜月、孤山霁雪、两峰白云、北关夜市、浙江秋涛。其中西湖夜月和两峰白云与“西湖十景”中的平湖秋月，两峰插云相同，因而有人只称之为“钱塘八景”。

清康熙三十八年（公元1699年），康熙皇帝出巡到杭州，将西湖十景景名作了一些修改，将“两峰插云”改为“双峰插云”，“曲院荷风”改为“曲院风荷”，又改“雷峰夕照”为“雷峰西照”，“南屏晚钟”为“南屏晓钟”，但后两处修改，未被人们所接受。康熙题景名后，又勒石建亭，于是南宋“西湖十景”一直沿用下来，成为中外闻名的景点。清代在“西湖十景”、“钱塘八景”之外，还增加了“西湖十八景”，即：湖山春社、功德崇坊、玉带晴虹、海霞西爽、梅林归鹤、鱼沼秋蓉、莲池松舍、宝石凤亭、亭湾射骑、蕉石鸣琴、玉泉鱼跃、凤岭松涛、湖心平眺、吴山大观、天竺香市、云栖梵径、韬光观海、西溪探梅。经过二百多年的历史沉浮，这十八景中有的景已不复存在。从清代中叶以后，西湖景点逐渐衰落，到建国前夕，许多风景点已名存实亡，西湖十景也徒有虚名。

解放以后，西湖景区进行了有史以来最大规模的建设，花港观鱼，柳浪闻莺、曲院风荷等都辟建成了新型的公园，虎跑、龙井、黄龙洞、玉皇山等数十个风景点进行了全面的整修，六和塔、灵隐、岳坟等文物古迹全面修复，风景游览道路畅通，西湖群山植树五千多万株，满山苍郁。历年来又经多次整治，风景名胜点已发展到上百处之多，游览面积不断扩大。陈毅元帅赋诗赞美新的西湖：“绿化真成连天碧，环湖公路骋怀宜。柳浪闻莺名副实，灵隐净慈胜昔时……”恰是对西湖真实的写照。

作为自然山水风景，西湖有其独特的个性美，比之于黄山之奇、华山之险、泰山之雄、峨眉之幽、三峡之深雄险峻、漓江之清丽奇秀，西湖以其秀丽典雅的美而著称于世。西湖为山不高，为水不广，湖山比例和谐，尺度适中。前人说：“西湖之妙，在于湖里山中，山屏湖外，登山兼可眺湖，游湖亦并看山。有时山影倒置湖心，有时湖光反映山际，两者相得益彰，不可复离。尤妙者濒湖筑塘，隔江为二，湖锁塘内，江流塘外，二者若相即若不相即，江潮湖影，乃并寿于无穷矣。”又说：“西湖如明镜，诸山如美人。美人照明镜，形影两能真。”山水相依，江湖并美，使西湖的形势胜甲江南。西湖的群山是西湖美的重要组成部分，最高的天竺山412米，最低的孤山只38米。南北两山，势若龙翔凤舞，逶迤连绵，高低远近，曲曲层层，山中洞壑溪泉，自然天成。登山远眺，江湖沃野，披襟畅怀，西湖的美从秀逸中透出豪朗之气。而筠篁夹道的云栖，岩壑幽奥的龙井，林樾清森的九溪，云霞飘忽的烟霞（洞）……数十个景点，深藏于翠谷幽岩之间，显得清雅静美。

明人高濂说：“西湖之胜，晴湖不如雨湖，雨湖不如月湖，月湖不如雪湖。”西湖还因朝夕晨昏的不同，风雪雨雾的变化，春夏秋冬的季节转换，呈现出丰富的时序和节候变化的美。湖山之有花木，如人之有衣裳。西湖的植物景观越历千年而深入人心，三秋桂子，十里荷花，六桥烟柳，孤山雪梅是西湖风景美的典型。现在，云栖的竹径，满觉陇的桂花，吴山的香樟，花港的牡丹，柳浪的垂柳，白堤的碧桃……都蔚为大观，给湖山增美，成为赏景的主题。

三潭印月是西湖三岛之一，历来人们将这里比作神话传说中的仙岛，故有“小瀛洲”之称。三潭印月的三个石塔始建于宋元祐四年（公元1089年），宋苏轼任官杭州时，开浚西湖，于湖中立塔为标志，禁止在三塔以内植菱种芡，以防湖泥淤积。原塔已在元代毁去，现存石塔为明天启元年（公元1621年）补立。塔形如瓶，高2米许，塔身中空，周有五个圆孔。每当皓月当空，塔内点烛，洞口蒙以薄纸，灯光从中透出，宛如一个个小月亮，与天空倒映湖中的明月相衬，出现“天上月一轮，湖中影成三”的奇丽景色。三塔的巧妙还在于它设置的位置是一个等边三角形，三角形的中心线又正好是岸上的“我心相印”亭和曲桥的中心线。站在这中心线上，视线可以同时穿过三个塔上的洞孔，见到塔外的水面，因此当月光在某一角度射到水面时，在岸上就可以穿过洞口看到反衬的月光，仿佛每一个塔上都有一个小小的月亮。

三潭印月园地是明万历三十五年（公元1607年）以湖泥堆积而成，周围环形堤埂筑于万历三十九年。清雍正五年（公元1727年），南北连以曲桥，东西系以柳堤。面积7公顷，呈田字形，素以“湖中有岛，岛中有湖”的水上园林而著称。洲上有“开网”、“亭亭”、“迎翠”、“闲放”、“我心相印”等亭、榭、楼、阁，石桥曲折有致，漏窗空灵深远，花木扶疏，倒影迷离，置身其间，有一步一景，步移景异之趣，达到“小中见大”的艺术效果。

苏堤俗称苏公堤，贯穿西湖南北，全长2.8公里。宋苏轼任杭州知州时，疏浚西湖，取湖泥葑草堆筑而成。堤上有映波、锁澜、望山、压堤、东浦、跨虹六桥，古朴美观。春风骀荡，新柳如烟，好鸟和鸣，如在晚雾中苏醒，故称“苏堤春晓”。沿堤种植垂柳、碧桃、海棠、芙蓉、紫藤等40多个品种、数千株花灌木，堤上风光绚丽多彩。其南端又辟太子湾公园，成为市民游人观光游览的又一佳境。

曲院风荷，在苏堤跨虹桥西北。宋时，在洪春桥堍，有一酿造官酒的曲院，其地多荷，取名“曲院风荷”，日久湮没。清康熙三十八年（1699年）在岳湖引种荷花，构亭立碑，并建敞堂“迎熏阁”、“望春楼”及曲径走廊。宋杨万里题诗称“毕竟西湖六月中，风光不与四时同，接天莲叶无穷碧，映日荷花别样红”。旧园扩建近30公顷，分岳湖、竹素园、风荷、曲院、滨湖密林及郭庄六个景区，其中荷花池分别种植红莲、白莲、重台莲、洒金莲、并蒂莲等品种，与岸边芙蓉相映，成为“芙蕖万斛香”的胜地。池上小桥数座，或近水，或贴水，或依水，人行其中如在荷莲中行走。园内有迎熏阁、波香亭、风徽亭、湛碧楼、红绡翠盖廊等园林建筑，各有特色。

断桥在白堤东端。断桥，最早起于唐代，诗人张祜有“断桥荒藓涩”之句。宋代称宝祐桥，附近有总宜园、凝碧楼、秦楼等建筑。元代称段家桥，钱惟善的《竹枝词》有“阿姨居近段家桥”句。或说，断、段乃一音之转，因误段桥为断桥。今桥为1941年改筑，桥堍东北，有题名“云水光中”的水榭和“断桥残雪”碑亭。古代断桥，上建桥亭，每当冬末春初，积雪未消，桥的阳面冰雪消融，阴面却是铺琼砌玉，故称“断桥残雪”。民间故事《白蛇传》把断桥作为白娘子和许仙相会的地方。1985年在断桥之东，重建“望湖楼”，面临西湖，被人赞为“孤舟依岸静，独鸟向人闲”。在此楼纵览湖上风光，最擅其胜。

平湖秋月，在白堤西端，面临外湖，背倚孤山。唐代在此处建有望湖亭，明代万历十四年（1586年）改建为龙王祠，清康熙三十八年（1699年）又改建为“御书楼”，并在楼前水面铺筑平台，构围栏，立碑亭，题名“平湖秋月”。新建和改建八角亭、四面厅和“湖天一碧”楼等建筑，增植了石榴、红枫、垂丝海棠等花木，掇叠了山石，游览面积扩大数倍，沿湖一组亭、楼、厅、榭掩映在花木丛中，高下错落，极富诗情画意。春夏秋冬，阴晴雨雪，皆有景色可观，情趣各异。每当秋高气爽，皎月当空，湖平如镜，水月云天，引人入胜。“万顷湖平长似镜，四时月好最宜秋”，“穿牖而来，夏日清风冬日日；卷帘相见，前山明月后山山”这两幅对联，是平湖秋月的真实写照。

双峰插云为西湖十景之一。双峰即南高峰和北高峰。两峰遥相对峙，相去十余里，中间小山起伏，蜿蜒盘结，春秋雨日，从湖西北眺望，浓云浓如远山，远山淡如浮云，峰顶时隐时现于薄雾轻笼之中，望之如插云天。宋杨万里有诗云：“南北高峰巧避人，旋生云雾半腰横。纵然遮得青苍面，玉塔双尖分外明”。

南屏晚钟之钟在南屏山麓的净慈寺。“南屏”是指横亘西湖之南、净慈寺后的南屏山。山上林木苍翠，崖石嶙峋，宛若锦屏。山中多空穴，传声独远。净慈寺内原有一大铜钟，明太祖洪武十一年（公元1378年）以二万余斤料铜铸成。每到傍晚，寺僧撞钟，钟声响彻夕阳天，在苍烟暮霭的西湖群山中回荡，悠扬动听，因名南屏晚钟。现铸的大钟有一万公斤重，又恢复了晚钟的风采。

柳浪闻莺，在西湖东南端，涌金门至清波门的滨湖地带。南宋时这里是最大的御花园，称“聚景园”。沿湖五里遍植柳树，春天柳浪翻空，莺啼鸟鸣，乃得此名，旧日柳浪闻莺仅囿于一隅之地，今日已是亭廊相接，柳荫夹道，花木扶疏，占地面积17.67公顷。园内有聚景园、闻莺馆。全园广植垂柳，配植紫楠、雪松、广玉兰、樱花、碧桃、海棠、月季等花木，可谓“桃红李白皆夸好，须得垂杨相发挥”。

雷峰夕照，雷峰位于净慈寺前，为南屏山向北伸展的余脉，濒湖隆起，林木葱郁。其形虽小巧玲珑，名气在湖上却是数一数二，因为山巅曾有吴越时建造的雷峰塔，是西湖众多古塔中最为风光也最为风流的一塔，可惜七十余年前倒掉了，塔倒山虚，连山名也换成了夕照山。西湖南岸这座三面临水呈半岛状的名山，当年曾为南宋御花园占据。1949年以后，山上种植了大量香樟、枫香、榆树等观赏树木，夕照林涛，景色依然富丽。雷峰塔原名西关砖塔，又称黄妃塔，始建于北宋开宝八年（公元975年）。北宋末，塔遭雷击，南宋初修复后比原塔减去二级成为五级浮屠。这是一座八面砖木结构楼阁式塔，塔芯砖砌，塔檐、平座游廊、栏杆等为木构；重檐楼阁，七级回廊，极为壮观。塔内壁每面均嵌《华严经》刻石，塔下辟地宫，供奉金洞罗汉。南宋以后，雷峰塔木构檐廊屡毁屡修，当时画家陈清波等绘有《雷峰夕照》图，塔下又有御园以芳园。斜阳落照，塔起金轮，湖上黄昏暮景中无有堪与之相匹者，故有“雷峰夕照”胜景。明嘉靖时，倭寇入侵，纵火焚塔，仅存塔心残迹，有人题诗叹为“雷峰残塔紫烟中，潦倒斜曛似醉翁”。只剩塔心的雷峰塔，仍然凌空兀立，以残缺美的特殊风姿又耸峙了四百余年。明末杭州名士闻启祥曾将它与湖对岸的保俶塔合在一起加以评说：“湖上两浮屠，雷峰如老衲，宝石如美人。”此说一出世人称是。清雍正年间成书的《西湖志》这样赞美雷峰夕照一景：“孤塔岿然独存，砖皆赤色，藤萝牵引，苍翠可爱，日光西照，亭台金碧，与山光倒映，如金镜初开，火珠将附。虽赤城栖霞不是过也”。1924年9月25日下午1时40分许，雷峰塔倒塌。建塔心的砖块中间有小孔，孔中藏木版印《一切如来心秘宪，全身舍利宝箧印陀罗尼经》纸卷，卷首有礼佛图，经卷外层有题记：“天下兵马大元帅吴越国王钱俶造。此经八万四千卷，舍入西关砖塔，永充供奉。乙亥八月日记”。雷峰周围广植枫香、金钱松、槭树、乌桕等色叶树，晚秋时节，满山红叶、黄叶，“孤峰斜映夕阳红”的景色令人流连。鲁迅先生有文章评说倒塔一事。七十多年过去了，因历史文化融入湖光山色，孕育并发展了西湖十景，西湖十景势必历史地、文化地与湖光山色相依相存。雷峰塔正在重建，雷峰夕照美景也将再次出现在游客的面前。

花港观鱼，地处西湖西南，三面临水，一面倚山。西山大麦岭后的花家山麓，有一条清溪流经此处注入西湖，因称花港。南宋时，内侍卢允升在花家山下建造别墅，称“卢园”，园内栽花养鱼，池水清冽，景物奇秀。以后，卢园荒废，此景亦衰。清康熙南巡时，在苏堤建园，勒石立碑，题“花港观鱼”四字。乾隆游西湖时，又在这里对景吟诗：“花家山下流花港，花著鱼身鱼嘬花，最是春光萃西子，底须秋水悟南华。”清末以后，景色衰败，到建国前夕，由于年久失修，仅剩下一池、一碑、三亩荒芜的园地。现在花港观鱼东大门右侧的方池，就是当年历史的陈迹。后在原来“花港观鱼”的基础上，向西发展，利用该处优越的环境条件和高低起伏的地形，以及原有的几座私人庄园，疏通港道，开辟金鱼池、牡丹园、大草坪，整修蒋庄、藏山阁，新建茶室、休息亭廊，占地20公顷，比旧园大一百倍，建成了以“花”、“港”、“鱼”为特色的风景点。花港观鱼的艺术布局充分利用了原有的自然地形条件，景区划分明确，各具鲜明的主题和特点。大草坪，雪松挺拔，宽阔开朗；红鱼池，凭栏投饵，鱼乐人欢；牡丹园，花木簇拥，处处有景；新花港，浓荫夹道，分外幽深。它继承和发展了我国园林艺术巧于因借的优秀传统，倚山临水，高低错落，渗透着诗情画意。在空间构图上，开合收放，层次丰富，景观节奏清晰，跌宕有致，既曲折变化，又整体连贯，一气呵成。它的最大特色还在于把中国园林的艺术布局和欧洲造园艺术手法巧妙统一，中西合璧，而又不露斧凿痕迹，使景观清雅幽深，开朗旷达，和谐一致。特别是运用大面积的草坪和以植物为主体的造景组合空间，在发展具有民族特色而又有时代特点的中国园林中，具有开拓性的作用。

一位美国学者日前评说道：“这是中国的例子，是南宋时候的。为什么西湖这么重要，因为就在1000多年前，有人要在这里建一个人工的景观，这个景观最终变成自然的。它的重要就在于人们有意识创造了一个大尺度的景观。大多数人认为规划只是一种保护的规划，这个例子告诉你景观规划，也可以在大尺度上进行改造、创造的一个景观。这是基于水的，地上水、地下水规划。在一开始的时候，人们把它当作一个漂亮、文化气息很浓的地方来对待，是作为很有艺术性、很有诗意的地方来对待的。伟大的景观设计，一要看它的实用性，另一个要看到它的美，这两个是缺一不可的。正是基于既可使用的，同时又是为美而设计的，这就导致现在好多问题的出现。这是一个旅游商城，可以看到湖占据了四分之三，这是一个暂时的情况，城市的发展几乎要损害整个景色。这说明出现一个问题，一方面城市设计是实用的，为居住、为工作需要而作的，正是为这个设计而产生的西湖文化历史价值，保护她的价值，就必须牺牲和调整我们实用的部分。那么就出现三个关注点：一个是大尺度的景观是可以创造的；第二点，景观是可以转化的，美的景观可以转化成实用的功能；第三点，文化的东西、美的东西是需要保护的。因为它的诗意、它的画意。因此，在历史上是第一个因为诗意、画意受到保护的景观。我认为这是世界上第一次因为文化，因为美而受到保护的景观，所有参观者到这里来不仅仅是参观这里的自然景色，也是享受这种文化。”千百年来，中国大地上铸造了一件件令现代人赞叹不已的人工与自然环境和谐统一的作品，形成了中国景观人文的一大特色。

南宋时，杭州被称为全国园林最发达城市，2001年“慕圣仁烈”皇后私家园林遗址的发掘，更证明了这一点。从已清理出的部分看，面积达1300平方米，南北向有正房、后房各一，东西向有两庑，均建于夯土台基之上。正房宽七间，进深三间，后房宽五间；这之间的庭院包括月台、水池和假山，还有夹道，布局错落有致。许多细节都能看出建筑的考究。例如台基和地面都经过夯筑，其中台基比夹道和庭院要高出0.5米，周围有砖砌的护墙；周围台基都有台阶通向庭院；太湖石垒起的假山（现已坍塌）下面，清晰留有过道的痕迹，曲径通幽；方池和周围台基间的地面用香糕砖竖铺成几何形花纹，不但严丝密缝，排列方法也极为讲究，看似相同的每一组砖都分属于自己所在的单元，取下任何一块都会造成花纹的不连贯。最引人注目的属方池。面积约94平方米的大池，四周用了四重砖平砌成0.63米宽的池墙，上面还有太湖石制成的压栏石。为了防止池水外溢，外侧有一突棱，西北角压栏石上还凿有溢水孔。池底部用三块方砖铺砌，四壁和边角都涂抹有特制的白色防水材料（疑为石灰和糯米浆等混合制成）。池子注满水时，和北面的假山相映成趣，使院落的空间感得到拓展。排水设计也别具匠心，如方池周围有一条砖砌排水明沟，和东西两庑下的暗沟相连，东庑的夹道地面也用长方形砖平铺成西高东低的坡度，从这些看似不经意的排水措施中，都能见到一个“巧”字。保存如此完好的南宋时期的中国古代南方园林，在全国也属少见，为研究南宋时期南方园林的布局和营造，提供了珍贵的实物资料，对研究宋代建筑和杭州城市变迁也都有意义。

宋时，文人园林成为私家造园活动的主流。江南园林尤其集中体现了简远、疏朗、雅致、天然的风格特点。如名园盘洲园、沈园。

[名景·名文] 宋　洪适《盘洲园》

我出吾山居，见是中穹木，披榛开道，境与心契，旬岁而后得之。乃相嘉处，创“洗心”之阁。三川列岫，争流层出，启窗卷帘，景物坌至，使人领略不暇。两旁巨竹俨立，斑者、紫者、方者、人面者、猫头者、慈、桂、筋、笛，群分派别，厥轩以“有竹”名。东偏，堂曰“双溪”。波间一壑，于藏舟为宜，作“舣斋”于檐后泗滨怪石，前后特起，曰“云叶”、曰“啸风岩”。北“践柳桥”，以蟠石为钓矶。侧顿数椽，下榻设胡床，为息偃寄傲之地。假道可登舟，曰“西汻”。绝水问农，将营“饭牛”之亭于垄上，导涧自古桑田，由“兑桥”济，规山阴遗迹，般涧水，剔九曲，荫以并闾之屋，垒石象山，杯出岩下，九突离坐，杯来前而遇坎者，浮罚爵。方其左为“鹅池”，员其右为“墨沼”，“一咏亭”临其中。水由员沼循池而西，汇于方池，两亭角力，东既醉，西可止。……池水北流，过“薝卜涧”，又西，入于北溪。自“一咏”而东，仓曰“种秫之仓”，亭曰“索笑之亭”；前有重门，曰“日涉”。……启“文枳关”，度“碧鲜里”，傍“柞林”，尽“桃李蹊”，然后达于西郊。芠蘿弥望，充仞四泽，烟树缘流，帆樯上下，类画手铺平远景，柳子所谓“迤延野绿，远混天碧”者，故以“野绿”表其堂。有轩居后，曰“隐雾”。九仞巍然，岚光排闼。厥名“豹岩”。陟其上，则“楚望”之楼，厥轩“巢云”。古梅鼎峙，横枝却月，厥台“凌风”。右顾商柯，昂霄蔽日，下有竹亭，曰“驻屐”。“蜈洲”接畛，楼观辉映，无日不寻棠棣之盟。跨南溪有桥，表之曰“濠上”，游鱼千百，人至不惊，短蓬居中，曰“野航”。前后芳莲，龟游其上。水心一亭，老子所隐，曰“龟巢”。飚清吹香，时见并蒂，有白重台，红多叶者。危亭相望，曰“泽芝”。整襟登陆，苍槐美竹据焉。山根茂林，浓阴映带，溪堂之语声，隔水相闻。倚松有“流憩庵”，犬迎鹊噪，屐不东矣。“欣对”有亭，在桥之西，畦丁虑淇园之弹也，请使苦茛温菘避路，于是“拔葵”之亭作。蕞尔丈室，规摹易安，谓之“容膝斋”。履阈小窗，举武不再，曰“芥纳寮”。复有尺地，曰“梦窟”。入“玉虹洞”，出“绿沉谷”，山房数楹，为孙息读书处，厥斋“聚萤”。山有蕨，野有荠，林有笋，真率肴蒸，咄嗟可办，厥亭“美可茹”。花柳夹道，猿鹤后先，行水所穷，云容万状，野亭萧然，可以坐而看之，曰“云起”。西户常关，雉兔削迹，合而命之曰“盘洲”。

注：文章详细地描述了这座别墅园林的选址，以及园内的山水、建筑、植物等景观，体现构图之美及技巧之精；对景与物的命名也别具一格，蕴含文化气息。

明、清是中国园林艺术的集成时期。此时，除规模宏大的皇家园林之外，士大夫为满足家居生活的需要，在城市中大量建造富有山林之趣的宅园。大型的皇家园林有北京的圆明园和承德避暑山庄等。

［名景］　**圆明园**

圆明园位于北京西郊海淀以北，由于这一带泉水充沛，又有西湖、玉泉山和西山等名胜，早在明代就分布着许多官宦和文人的私家园林，其中有武清侯李伟的清华园和米万钟的勺园。康熙二十九年（1690年）利用原来清华园的一部分建成畅春园，成为清代兴建苑囿的滥觞。当时，康熙几乎每年要有大部分时间住在园里，开创清代皇帝园居的习惯。根据《日下旧闻考》所记，康熙于四十八年建圆明园，赐给皇四子胤祯（即后来的雍正皇帝）。后雍正扩建成为离宫，并向东、西、北三面延伸拓展。乾隆时，再一次扩建圆明园，并在它的东面建成长春园，东南面建成绮春园（即后来的万春园），三座园林有门相通，成为一体，平面布局成一倒置的品字，三园统称为圆明园。嘉庆年间对圆明园的修缮工程仍不断进行，此时占地总面积已达5200余亩，人工水面占到总面积的一半以上，堆叠的岗阜岛堤300多处，建筑面积15万平方米，景点160处。园中殿宇不仅装饰、陈设考究，还是收藏无数古籍珍宝、工艺美术品的综合性艺术大宝库。这三个园都是在平地上建成的以水景为主的自然山水园，集南北园林艺术之大成，成为当时闻名于世界的东方名园。有“万园之园”的美称。

圆明园由三个独立的园组成，各园有自己的宫门和殿堂。全园利用原有的沼泽地，挖河堆山，形成河流潆洄、堤岛相望、园中有园、景景相套的布局，颇有江南水乡的景观特色。洲岛之上分布着大大小小的建筑群和亭台楼阁。个体建筑的形象千变万化，出现了万字形、田字形、书卷形等以往不多见的平面形式，百余组建筑群的组合无一雷同。这些建筑往往成为景点的中心。各景点之间以人工的堆山和林木相阻隔，各有独立的景区空间。乾隆时，根据景点所形成的景观特色，定出有代表性的四十景，并配有御咏诗四十首。圆明园四十景分别是：

正大光明，勤政亲贤，九州清晏，镂月开云，天然图画，碧桐书院，慈云普护，上下天光，杏花春馆，坦坦荡荡，茹古涵今，长春仙馆，万方安和，武陵春光，山高水长，月地云居，鸿慈永祜，汇芳书院，日天琳宇，澹泊宁静，映水兰香，水木明瑟，濂溪乐处，多稼如云，鱼跃鸢飞，北远山村，西峰秀色，四宜书屋，方壶胜境，澡身浴德，平湖秋月，蓬岛瑶台，接秀山房，别有洞天，夹镜鸣琴，涵虚朗鉴，廓然大公，坐石临流，曲院风荷，洞天深处。

正大光明一景是皇家园林中属政治功能的宫殿部分，乾隆不愿住“红墙碧瓦黑阴沟”的皇宫，要到园林中享受屋后玉笋嶙峋，前庭林木阴湛的美景，又以不雕不绘标榜自己的节俭与贤良。

九州清晏位于前后湖之间。后湖的周围环着九个岛屿，象征天下九州，其间支汊纵横，仿佛浔阳九派，表现出一统天下的观念。慈云普护为九州之一景，有三层钟楼作为九州清晏的隔湖中轴对景，旁有殿供普渡众生的观音。

坦坦荡荡是仿杭州玉泉的一景，凿池为鱼乐园，引用庄子与惠子在濠梁上辩论知不知鱼之乐的典故。引发为宣扬王道之荡荡，天道之坦坦。

万方安和，在水面中构筑成卍字形的一组建筑。共三十三间，可以达到冬暖夏凉的要求。属于适合南方园林的“户外室”。玄奘译为德字，意为吉祥。武则天制定此字读为万字，表意为吉祥和万德之所集。这里明确指万方，万方皆在天道覆盖之下，专心一意祝愿天下安和。

鸿慈永祜，位于园的西北隅，是乾隆礼奉皇祖、皇考的一组殿寝。堂庑崇闳，院内苍松如盖。乾隆以此缅怀祖宗伟业，以表继承皇业，兢兢业业，求得王朝万年永固的心迹。

澹泊宁静是一组田字形的建筑，密室周遮，尘氛不到，追求一种隔绝红尘，隐逸出世的境界。“非澹泊无以明志，非宁静无以致远。”

多稼如云、鱼跃鸢飞和北远山村是靠北宫墙的几个连续景点，创造了一派山村田家风光，沿水两岸，村舍鳞次，竹篱茅舍，田塍参差，野风习习。古代造园者好作田家风光，那是以农为本封建经济的反映。

方壶胜境和蓬岛瑶台都在水面作三岛，以仿东海神山，历代帝王都是如此，不仅享尽人间一切美好，还追求长生不老，在园林中创造出人寰中的仙境。

坐石临流是仿绍兴兰亭的意境，有兰渚曲水，有长方形重檐歇山的兰亭，内有8根石柱和一块石屏。石屏上刻王羲之兰亭修禊图和乾隆的八柱册并序文。石柱上刻唐以来书法家的兰亭序摹本和兰亭诗文。王羲之在兰亭序中兴怀人生之得失，感叹修禊随化，终期于尽，主张欣于所遇暂得于已，快然自足，不知老之将至。

四十景和一些小园中，不少是仿江南名园的。如四十景中的四宜书屋仿海宁安澜园，长春园中小有天仿杭州小有天园，如园仿南京瞻园，狮子林仿苏州狮子林等。

圆明园除以上表现中国园林传统风格的景点之外，特别的是还在长春园的北部约100米宽的狭长地带上，布置了欧洲宫苑式的西洋楼景区。自明末以来，中西文化交流由于西方教会的传入而逐渐频繁，清朝中叶，中国的传统园林已影响欧洲，而乾隆对欧洲的西洋水法——喷泉倍感兴趣，欲在宫苑中模仿。当时意大利天主教耶稣会修士、清代宫廷画家朗世宁即推荐法国耶稣会士蒋友仁在长春园建造水法，由朗世宁和另一名法国耶稣会修士王致诚等主持西洋楼的设计与建造。于是，一组欧洲式的宫苑建筑和水法在长春园建成。这也是文化交流中一种互补现象的反映。

西洋楼共有6幢建筑，“谐奇趣”是最早的一幢，南北均有喷泉和水池，其他有“养雀笼”、“蓄水楼”、“方外观”、“海晏堂”、“远瀛观”以及“大水法”。总体布局仍采用西方习见的几何形式，轴线对称。建筑采用欧洲洛可可风格。这些西洋楼在引进中国的过程中，还是接受了中国传统文化的影响。朗世宁和王致诚在中国传教多年，对中国文化有一定了解，所以在总体布局上，主轴线不再像西方那样一眼望穿，而是被几道门和建筑物分割成几段，类似于故宫轴线的处理。西洋楼上采用了琉璃顶。建筑的装饰夹杂中国传统的花纹图案。水戏中避免用西方裸体雕像，代之以铜铸虫兽禽鸟十二属等等。这组西洋楼单独在长春园以北辟为一区，也是本身的风格自成系统，不致与传统的园林产生不协调。

圆明三园共有风景点160处。这些设计完美精巧、营建技艺高超的亭台楼阁、轩宇廊榭的建造，不仅继承发展了祖国的传统园林建筑艺术，浓缩汇聚了全国各地南北名园的美景胜境，而且还包容了西洋建筑艺术的特色风格，使得全园布局灵活，形式多变，体现了高超的建筑艺术水平。

可是，就是这样一座精美绝伦、举世无双的园林，竟于1860年被英法联军、1900年被八国联军先后两度彻底洗劫，大量的珍贵文物也被掠夺一空，致使今天的圆明园，已经成为一片废墟、一处遗址，任人凭吊。现在，在这片荒凉凄惨的废墟之上，只能看到一些昔日胜景的残痕。圆明园四十景中的“万方安和”的石基，依然历历在目，清晰可辨；“武陵春色”的遗址就在“万方安和”的北面，今天，这个世外桃源早已化为乌有；再往西北，就是藏贮《四库全书》的文源阁，可惜这部珍贵典籍早就连同文源阁化为灰烬了；往南走，可以看到“舍卫城”残迹。这座仿古印度乔萨罗国首都建造的雄伟古城，已是一片瓦砾；继续往东，就是“廓然大公”的遗迹，只此“廓然大公”一景，就包括十个自成体系的风景点，也早已夷为平地了；举目南望，一片田野呈现眼前，这就是当年园林中心所在地——福海，这片面积相当于今天北海两倍的千顷烟波，为当时园中最大水面，"一池三山"格局构景，现已变成阡陌良田；再往东北，拐进山岗，上面有罗马式建筑的残柱颓垣，这些残柱颓垣就是所谓的"西洋楼"，它是由谐奇趣、万花阵、海源堂、远瀛观、转马台、海宴堂、养雀笼等组成的一组西洋式宫殿建筑群，现建成圆明园遗址公园。

第二节　园林景观的构成要素

山、水、植物、建筑是构成园林景观的四个基本要素。由此而来，筑山、理水、植物栽培、建筑营造便相应地成为造园的四项主要工作。其中，山、水是园林的骨架，也是园林的山水地貌基础。天然的山水需要加工、修饰、调整，人工开辟的山水则要讲究造型，要解决许多工程问题。筑山和理水成为专门的技艺；植物栽培最早源于生产的目的，后来发展为专供观赏之用的树木和花卉。建筑包括屋舍、桥梁、亭阁、路径、墙、廊、小品以及其他各种工程设施，它们不仅在功能上必须满足人们的游览、休憩、往来和供给的需要，同时还以其特殊的形象而成为园林景观的有机组成部分。一方面，园林是物质财富，属物质文明范畴，它的建设要投入相当的人力、物力和财力，它必然受社会生产力和生产关系的制约；另一方面，山、水、植物、建筑这四个要素经过人们有意识地构建、组合成为有机的整体，创造出丰富多彩的景观，给予人们以美的享受和情操的陶冶。因此，园林又是一种艺术创作，属精神文明范畴。

园林景观还是一个丰富的艺术综合体，它将文学、绘画、雕塑、工艺美术以及书法艺术等融合于自身，创造出一个立体的、动态的、令人目不暇接的艺术世界。也就是说其艺术感染力既产生于山形、水流、植物等人化的自然美和建筑及其与环境的关系之中，还产生于园林艺术与文学等多种艺术相结合的人文美之中。它体现了中国古代文化，古代文学、艺术的高水平直接影响到造园理论的发展，使园林的布局和造景达到了很高的境界。

一、山·石

"山川之美，古来共谈"。儒家赋予山水之美以象征道德的审美价值，道家推崇天地之美在于天地具有自然无为的示范价值，传统的审美则与人的精神修养联系在一起。中国园林的主题是人类自然本性的返朴归真和天人合一的理想观念。

山与石作为一种独立的审美对象而存在，这是中国文化艺术所特有的。在西方，没有生命的顽石是无法进入人们的审美领域的。

构建气象万千的山体是造园的基本内容，"山性即我性，山情即我情"。人工构建的假山成为人化的自然，是形象和艺术高度统一的艺术品。假山分为两类：独立的石峰和由石头或土石叠成的假山体。起伏的山势造型呈现出深远的空间层次；殊俗特异的石峰展示了超绝的风骨神韵。

石与园林的关系是非常的密切。这种深厚的艺术情感，有人认为和女娲炼五彩之石补天的远古神话有关联。唐时山水文学兴盛，对山水风景的鉴赏，也具备了相当的能力和水平，一旦参与造园，更是把自己的审美感受、人生感悟倾注到园林的山石之中。园林的格调为之提高、升华，园林景观充满人文气息。到宋代，竹、石之景成为文人画中的题材之一，与之有渊源关系。大诗人白居易不仅是造诣颇深的园艺理论家，也是历史上第一个文人造园家，以诗画意境营建了"庐山草堂"。他是最早肯定"置石"美学意义的人。他把顽石看做自己的知心朋友，"回头问双石，能伴老夫否？石虽不能言，许我为三友"。在

《太湖石记》中，他肯定了石具有和书、琴、酒相当的艺术价值。文人对美石往往“待之如宾友，视之如贤哲，重之如宝石，爱之如儿孙。”白居易认为，石应该分若干品级，显现出美学价值的差异。太湖石为第一等园用石材，罗浮石、天竺石次之。

太湖石产于江苏太湖洞庭西山一带的水中，为石灰岩。长年受水浪的冲激，石体布满孔穴，色呈青、白、灰三种。低者仅尺余，高的可达五丈，为当时名贵石材。结合湖石的外形形态和内蕴的品格美，人们概括出：瘦、绉、漏、透，“清、顽、丑、拙”的绝妙评语。具体地说，瘦——指石头玲珑修长，挺拔有神；绉——石表起伏多褶皱，肌理变化奇幻；漏——石上有眼，玄秘莫测；透——此通于彼，彼通于此，如有道路可行；清——阴柔之美；顽——阳刚之态；丑——突兀不群；拙——浑朴粗疏。

山、石既为山水园林中的主要物质建构，“掇山”、“置石”也就成为一门艺术。在园内构造假山始于汉代，景石特置始于梁。唐宋则蔚然成风。“艮岳”属以叠山为主景的皇家园林。明清以来“名园以叠石胜”成为共识。计成《园冶·掇山》论述了掇山的工艺操作过程和创作原则：“立根铺以粗石，大块满盖桩头；堑里扫于渣灰，着潮尽钻山骨。方堆顽夯而起，渐以皴文而加；瘦漏生奇，玲珑安巧。峭壁贵于直立；悬崖使其后坚。岩、峦、洞、穴之莫穷，涧、壑、坡、矶之俨是；信足疑无别境，举头自有深情。……深意画图，余情丘壑；未山先麓，自然地势之嶙嶒；构土成冈，不在石形之巧拙……有真为假，做假成真。”

因此，堆叠假山，设计师要“胸有丘壑”，既要掌握叠石原理，又要懂得堆土的技巧及相关的力学知识，还要有一定的审美能力。计成根据假山在园中所处的不同位置，设计了如下几种不同的假山造型样式：

园山　山为一园之尊，随处可见的园中假山，是变城市为山水的主要景观，实例为苏州环秀山庄。

厅山　一般用太湖石叠成，置于厅堂前庭。

楼山　楼前堆叠的假山，山要高，距离要远，才能产生深远效果，如苏州留园冠云楼前的“三峰”。

阁山　在阁旁堆叠的假山。山阁组合成一佳境。如扬州个园中之秋、夏山。

书房山　位于园内僻静清幽之处。栏前窗下，灵巧可观。

池山　“池上理山，园中第一胜也”(《园冶》)。山水结合，呈现了“模山范水”的特点。颐和园、拙政园中都有范例。

内室山　内庭中的假山。挺拔高峻，不可攀爬为佳。

峭壁山　贴墙叠建，作峭壁状，饰以梅、竹、松、柏等植物，成一幅幅图画。如苏州留园五峰仙馆前的仿庐山五老峰的假山。

园林中的假山全用石或土堆叠的并不常见。最多的是土石山。清代李渔有精辟之论：“累高广之山，全用碎石，则如百衲僧衣，求一无缝处而不得，此其所以不耐观也，以土间之，则可泯然无迹，且便于种树，树根盘固，与石比坚，且树大叶繁，混然一色，不辨其为谁石谁土。立于真山左右，有能辨为积累而成者乎？此法不论石多石少，亦不必定求土石相半，土多则是土山带石，石多则是石山带土。土石二物压制不相离，石山离土，则草木不生，是童山矣。”(《闲情偶寄》)

土山带石的假山，一般体量都较大。正像李渔所说：“小山用石，大山用土”。如北京景山的掇山，主要是用土堆叠而成，但在山麓、山腰以及山径多用叠石，使山势增加。北京北海的白塔山，也是以土为主的大假山，山坡上山石半露，极具天然形态。上部的山石构置，更增加了山的自然气势；后山部分是外石内土，从揽翠轩而下成断层山崖之势，又有宛转的洞壑，盘曲的山径，就像天然生成一般。浙江现存最大的私园海盐绮园的假山，也属于此类，该园南北长、东西短，中有水池，南、北、东三面造山，呈E形环抱全园。南部多湖石，以涧壑造型，山沿池东垣绵延起伏，至池北峰巅，有一小亭。山多古木，浓荫蔽日，清波泛影，颇具山林之气。苏州沧浪亭假山，是黄石抱土。山为腰形土山，自西往东形体较长，东段用黄石垒砌，西段湖石补缀，山脚大石上书“流玉”二字，形成高崖深渊的景观。这是元代以前的以土代石之法，混假山于真山之中。山上古树葱郁，藤萝蔓挂，构成“近山林”佳境。

假山中的特例，为扬州个园的四季山。

“春山”由翠竹和石笋组成，临门翠竹秀枝，石笋参差，构成了一幅以粉墙为纸，竹石为图的生动画面，宛如春天景象。

“夏山”是一座玲珑剔透的湖石假山，云峰在夏日最为多变；山顶有柏如盖，山下水声淙淙，山腰草木掩映，构成了一个浓荫幽深的清凉世界。

“秋山”即黄石山，气魄雄伟，为全园最高点。环园半周，约20余丈。黄石配置红枫，倍增秋色，使人回味无穷。

“冬山”选用色泽洁白、体形圆浑的宣石（宣石主要成分是石英），将假山堆叠在南墙之北，给人一种积雪未化的感觉。部分山头借助阳光照射，放出耀眼的光泽。雪山附近的墙面上，开了四排约尺许大的圆洞，每排六个，洞口之风呼呼作响，使人感到北风呼啸。周围再用冰裂纹白矾石铺地，腊梅、南天竹点缀，起到了烘托、陪衬作用。既有高超的艺术，又合科学道理。

掇山叠石之前要先选石。一般挑选如下几类：

湖石类　属于石灰岩、砂积石类。如太湖石、巢湖石、广东英石、山东仲官石、北京房山石等。体貌玲珑通透，姿态多变耐看。

黄石类　如江浙黄石、华南腊石、西南紫砂石等。

北方大青石　以产于常州黄山的为最佳，“其质坚，不入斧斫，其文古拙”，厚重粗朴，轮廓呈折线，苍劲嶙峋，具有阳刚之美。

卵圆石类　石形浑园坚硬，风化剥落，多产自海边、河谷。属花岗岩和砂砾岩。

剑石类　剑状峰石，如江苏武进斧劈石、浙江白果石、北京青云片等，钟乳石则称石笋或笋石。

另有木化石、灵璧石、昆山石、宜兴石、龙潭石等。

“磊石成山，另是一种学问，别是一番智巧”（李渔《闲情偶寄》）。叠山垒石在艺术上的创作原则和要求，石山的空间布局及造型的艺术要求有“十要”：宾主、层次、起伏、曲折、凹凸、顾盼、呼应、疏密、轻重、虚实。假山应高低参差，前后错落；主山高耸，客山避让；主次分明，起伏有致；大小相间，顾盼应和；姿态万千，浑然一体。“二宜”：一宜朴素自然；二宜简洁精炼。“六忌”：忌如香炉蜡烛，忌如笔架花瓶，忌如刀山剑树，忌如铜墙铁壁，忌如城郭堡垒，忌如鼠穴蚁蛭。“四不可”：石不可杂，形态要相类；纹不可乱，要脉络贯通；块不可均，要大小相间；缝不可多，要顺理成章。（《中国园林艺术论》）

具体的叠石操作技法，有北京山石张祖传“十字诀”：安、连、接、斗、挎、拼、悬、剑、卡、垂。又有“三十字诀”：

安连接斗挎，拼悬卡剑垂，挑飘飞戗挂，钉担钓榫札，填补缝垫杀，搭靠转换压。

挑　上大下小，数石相叠，景致优美。

飘　挑石的挑头又叠一石，如静中有动的飘云，足以引起丰富想像和联想。

挎　一竖一挂，凌空而立，如同悬崖绝壁，有险峻之美。

斗　拱状叠置，腾空而立，形体环透，构筑别致。

卡　石体一大一小，相互衬托，坐观静赏，回味无穷。

连　数石搭接，有主有从，有高有低，成组延伸，凸现连绵不绝的气韵。

悬与垂　凌空倒挂为"悬"，主峰一侧挂灵巧之石为"垂"。

透　数石架空叠置，留有环洞，剔透空灵。

剑　峰石峭拔，突兀而起，佐以古松，成园林小景。

中国园林景观中，假山精品无数，构造技艺精湛。

上海豫园西北的黄石假山，是明代叠山大师张南阳的杰作，"高下纡回，为冈、为岭、为涧、为洞、为壑、为梁、为滩，不可悉记，各极其趣"，气势磅礴，重峦叠嶂，宛若天开。它依据"山拥大块而虚腹"的画理，用一条曲折、深邃的山涧切入山腹，使之有分有合，形成强烈的虚实明暗对比。主峰高达12米，用石数千吨，大量黄石采自浙江武康。

苏州环秀山庄的湖石假山是国内第一流的园林艺术珍品，为乾隆年间的叠山名家戈裕良所设计。园林占地3亩，假山占地约半亩，是一个以山为主，以水为辅的空间。主山气势磅礴，高出水面约7米，次山箕踞西北与之响应。主山又分前后两部分，前山全部用石叠成，看上去峰峦峭壁，内部则虚空为洞，后山临池用湖石作壁，前后山虽分却气势连绵，浑成一体。构造颇为自然，不见斧凿痕迹。山上蹊径盘曲，长约60～70米，涧谷长12米左右，山峰高7.2米。既有危径、山洞、水谷、石室、飞梁、绝壁等境界，又有厅、舫、楼、亭等建筑。"山以深幽取胜，水以湾环见长，无一笔不曲，无一处不藏，设想布景，层出新意。水有源，山有脉，息息相通，以有限面积造无限空间；这廓皆出山脚，补秋舫若浮水洞之上。……西北角飞雪岩，视主山为小，极空灵清峭，水口、飞石，妙胜画本。旁建小楼，有檐瀑，下临清潭，具曲尽绕梁之味。而亭前一泓，宛若点睛。"戈裕良灵活地运用了"宾主胡揖法"造此园，为乾隆嘉庆时叠石技法之艺术范本，叠山之法具备：以大块竖石为骨，用斧劈法出之，刚健矫挺，以挑、吊、压、叠、拼、挂、嵌、镶为辅，山洞用穹隆顶或拱顶结构方法，酷似天然溶洞，且至今无开裂走动迹象，正如戈裕良所说："只将大小钩带联络如造环桥法，可以千年不坏，要如真山壑一般，然后方称能事。"陈从周先生赞曰："环秀山庄假山，允称上选，叠山之法具备。造园者不见此山，正如学诗者未见李、杜，诚占我国园林史上重要之一页。"(《园韵》)

苏州耦园作为全园主景的黄石假山堪称佳构。此山用巨大浑厚、苍古坚拔的黄石块叠成耸立的峰体，横直石块大小相间，以横势为主，气势刚健。假山略偏于轴线一侧，便于从各个角度观赏。山由东西两部分组成，东为主山，平台之东，山势逐渐增高，临近水面处陡转成绝壁。西部较小为副山，自东向西山势渐低，坡度平缓，余脉延及西边长廊。刘敦桢教授认为，此山和明嘉靖年间张南阳所叠上海豫园黄石假山几无差别，或是清初遗构。

苏州狮子林有1200平方米的大假山，占全园面积的13%，以假山众多著称，以洞壑盘旋的奇巧取胜，享有"假山王国"

美誉。其主景假山，是元代利用宋时“花石纲”遗留的湖石堆叠而成的，其所叠假山受到当时叠山艺术水平的局限，叠石技艺比不上明末清初的假山杰构。但狮子林作为建于元末的早期禅寺，模仿的是佛教圣地九华山，奇峰怪石突兀嵌空。山形大体可分为东、西两部分，各自形成一个大环形，占地面积极大。高踞山顶的狮形巨石狮子峰，是群峰之王，形态飞动，雾天看太阳，还可见到紫气绕狮峰的奇观。另有含晖峰、玄玉峰、吐月峰和昂宵峰。模拟人体与狮形兽像的诸石峰，象征众僧率领怪异狮兽在对狮子峰顶礼膜拜，渲染创造“净土无为，佛家禅地”的幻想意境。最突出的是假山中有山洞十一个，曲径九条，分上、中、下三层，高下盘旋，来回往复，如入迷宫，而且每换一洞，内观外观景象都不同，故此山有“桃园十八景”之称，是中国古典园林中堆山最曲折、最复杂的实例之一。

扬州一片石山房，以叠石假山为主，集北方皇家园林求刚雄与南方私家园林求阴柔的精华于一体，又以叠石带出，别具一格，拓开了扬州园林以“叠石取胜”的构园造景新路。这座太湖石假山，相传为石涛和尚作品。此山倚墙而立，一峰高耸，巍然挺拔，甚为奇峭。越石梁，踏磴道，可至峰顶。峰下构有方形石屋二间，古朴自然，片石山房即由此而得名。它按照石块的大小，石纹的横直，构成山峰，与众不同的是，石涛垒石叠山重点突出了悬崖、曲洞、盘道，善于从整体上淋漓尽致地写意表现峰壁的奇峭和动势。这就在继承中国园林叠山传统的基础上，又有不同凡响的重大突破和创新，开拓了扬州园林写意性地布石、垒山、叠壁的构园造景新潮。

“天地至精之器，结而为石”，石既有历史意义，又有文化品格，“石不能言趣无穷”，赏园之际应细细品味。著名景石有：北京的“青芝岫”，安置在颐和园“乐寿堂”庭前，巨石长8米，宽2米，高4米，色青润，横放在青石座上。采自北京房山县，为石灰岩。“青莲朵”，是长春园园中之园“茜园”中所置奇石，现存于北京中山公园内。石为浅灰褐色，着水后呈淡粉色并出现点点白色，如夕阳残雪，并具玲珑刻削之致，自然状态如花，为“艮岳”遗物。北京还有“青云片”等。广州著名奇石有“九曜石”，在五代南汉主刘龑的宫苑“九曜园”内，用九块太湖奇石叠成，据《粤东金石略》载：“石凡九，高八九尺，或丈余，嵌岩峰兀，翠润玲珑，望之若崩云，既堕复屹，上多宋人铭刻。”另有“鲲鹏展翅”等。

江南的景石数量多，质量也高，具有独特的观赏价值。号称“江南四大名峰”的是：瑞云峰、绉云峰、玉玲珑和冠云峰。童寯《江南园林志》说：“江南名峰，除瑞云之外，尚有绉云峰及玉玲珑。李笠翁云：‘言山石之美者，俱在透、漏、瘦三字。’此三峰者，可占一字：瑞云峰，此通于彼，彼通于此，若有道路可行，‘透’也；玉玲珑，四面有眼，‘漏’也；绉云峰，孤峙无倚，‘瘦’也。”

著名石峰“瑞云峰”，高5.12米，宽3.25米，厚1.3米，高大且秀润，涡洞相套，褶皱相叠，状如“云飞乍起”，相传为北宋“花石纲”遗物，石上刻有“臣朱勔进”四字。据明袁宏道记载：“此石每夜有光烛空”，“妍巧甲于江南”。留园三峰造型意境本于《水经注》中的“燕王仙台有三峰，甚为崇峻，腾云冠峰，高霞翼岭”。冠云峰，为留园的镇园之宝。“如翔如舞，如伏如跧，秀逾灵璧，巧夺平泉”，高耸如展，极嵌空瘦挺之妙，孤高特立，清秀挺拔，阴柔浑朴。高达6.5米，峰面似雄鹰飞扑，峰底若灵龟昂首。朵云峰，多孔多皱，文理丰富，层棱起伏，空灵剔透。岫云峰，题名取自陶渊明《归去来兮辞》“云无心以出岫”之句，颇具文人审美情趣。冠云峰周围的建筑和景物都是为赏石而设置。

上海豫园的“玉玲珑”，亭亭玉立，玲珑剔透，这块天然湖石，高5.1米，宽2米，重5吨多，浑身上下都是孔洞，“一炉香置石底，孔孔出烟；一盂水灌石顶，孔孔泉流。”堪称一奇。石上刻有“玉华”二字。清诗人陈维成《玉玲珑石歌》称其“一卷奇石何玲珑，五个巧力夺天工。不见嵌空绉瘦透，中涵玉气如白虹。……石峰面面滴空翠，春阴云气犹濛濛。一霎神游造化外，恍疑坐我缥缈峰。耳边滚滚太湖水，洪涛激石相撞舂。”“压尽千峰耸碧空，佳名谁论玉玲珑。梵音阁下眠三日，要看缭天吐白虹。”有“天下第一奇石”之誉。

杭州的绉云峰，现存杭州缀景园，为英石所叠置。英石，产于广东英德县。峰高2.6米，狭腰处仅为0.4米，形同云立，纹比波摇，如行云流水，十分空灵。

苏州怡园“坡仙琴馆室”外，有两个石峰，恰似两个老人埋头侧耳倾听室内主人弹琴。北廊是取陆游诗意“落涧奔泉舞玉虹”的半亭“玉虹亭”。

苏州网狮园“看松读画轩”中摆有两尊像木墩一样的硅化木化石，据测定有1.5亿年的历史，由于年代久远，被看做是具有永恒象征意义的物件。皇家园林中也常有此类石，作为帝业永继的吉祥物。

宋人米芾有“研山”，直径一尺多，石上合计有五十五个像手指大小的峰峦；有二寸许见方的平浅处凿成砚台。这个研山名气很大，有人用自己在镇江甘露寺沿江一处宅基与米芾交换。米芾用换来的苏氏宅基地建海岳庵（事见《铁围山丛谈》）。后此地为岳珂所得，并建研山园。南宋冯多福写有《研山园记》。

［名石·名诗］唐　白居易《太湖石》

烟翠三秋色，波涛万古痕；
削成青玉片，截断碧云根。
风气通岩穴，苔文护洞门；
三峰具体小，应是华山孙。

［名园·名文］明　陈所蕴《日涉园记》

具茨山人雅好泉石，先后所裒太湖、英石、武康诸奇石以万计，悟石山人张南阳以善叠石闻。城东南隅有废圃，可二十亩，相与商略葺治为园。时三楚江防，治兵促急，不得已以一籍授山人经始，山人按籍经营十有二年。山人物故后，有里人曹生谅者，其伎俩与山人抗衡。园盖始于张而成于曹也。

入门榆柳夹道，远山峰突出墙头，双扉南启，“尔雅堂”在焉。堂东折而北，度“飞云桥”，为“竹素堂”。南面一巨浸；叠太湖石为山，一峰高可二十寻，名曰“过云”。山上层楼，颜曰“来鹤”，昔有双鹤自天而下，故云。下为“浴凫池馆”。前有土冈，上跨“堰虹”，度“堰虹”而上，冈俱植梅，曰“香雪岭”。冈下植桃，曰“蒸霞径”。西有“明月亭”、“啼莺堂”、“春草轩”，皆便房曲室。冈东折而北，有“白云洞”。穿“浴凫池馆”，登“过云峰”而下，出“桃花洞”，度“漾月桥”，逗“东皋亭”，北沿“步屧廊”，“修禊亭”枕其右，亭在水上，可以祓禊。家故藏褚摹《兰亭》真迹，因摹勒上石，置其中。东入白板扉为“知希堂”，有古榆，大可二十围，仰不见木末；又古桧一株．双柯直上，曾数百年物也。园盖得之唐氏，惟此二木及池上一梨，尚为唐氏故物。堂后为“濯烟阁”，阁下为“问字馆”，前后叠石为山．亦太湖产，中一峰，亭亭直上，小峰附之，蹬道逶迤可登。阁南望，则浦中帆樯，北望则民间井邑．——呈眉睫间，盖园中一大观也。由阁道西出，为“翠云屏”，南为“夜舒池”，北有“殿春轩”。轩后长廊，廊穷一小室，曰“小有洞天”。庭前则叠英德石为山，奇奇怪怪，见者谓不从人间来。迤逦而东，“万笏山房”在焉，所叠石皆武康产，间以锦川、斧劈，长可至丈八九尺。

既为此园，未有记，万历癸丑冬、甲寅春，复增葺之，将为记，而拜冏卿之命，抵汉阳，意殊不自得，追忆园中景物，濡毫为记，置座右以当卧游；然园名“日涉”，间者不涉此园，已多日矣。

注：日涉园是作者建在旧上海县城内的私园。张南阳（号悟石山人），当时叠石高手，亲自为本文作者（号具茨山人）造园。

二、水

智者乐水，仁者乐山。水因其含蓄蕴藉而受人喜爱，水是园林构成要素之一。园林中的水与自然界的水一样具有造景功能和审美特性。园林艺术利用水的色、形、姿、声、光等构成的物象，给人以美的享受，以及人格美的观照。园林离不开山，更离不开水。“山以水为血脉，以草木为毛发”，“山得水而活，得草木而华”，“山本静水流则动，石本顽水流则灵”。山石能够赋予水泉以形态，水泉则能赋予山石以灵气。“水随山转，山因水活”。“春水腻，夏水浓，秋水明，冬水定”（陈从周语），水之重要由此可见。

凭借水独具的流动美、动态美、洁净美的自然特性来表达人们主观的审美情感，这也是构筑水景的一种常见手法。由于文化心理的积淀，使水的自然特性，都蕴涵着人的品格美相对应的道德、品性，寄寓着人们对澄静恬淡的人生理想的追求。由水山之境而升华为景趣、情趣、理趣相统一的完美的理想境地。

中国古典园林中，几乎是无园没有水，无水不成园。一般来说，以山为主体的园林，水为从体，多作溪流、渊潭等带状萦绕或小型集中的水面；在以水为主体的园林中，水多采用湖泊，辅以溪涧、水谷、瀑布等，较大的园林是多种水体同时存在。园林中的江湖、溪涧、瀑布等来自自然，又高于自然，是对自然之水的提炼、概括。“帘下开小池，盈盈水方积，……岂无大江水，波浪连天白？”（白居易《官舍内新凿小池》）。

据曹林娣教授概括，理水原则为：水面大则分，小则聚；分则萦回，聚则浩渺；分而不乱，聚而不死；分聚结合，相得益彰。源头活水，水随山转；穿花渡柳，近赏远观。飞瀑流泉，深潭浅湾；动静相兼，活泼自然。理水手法有十种：分、隔、破、绕、掩、映、近、静、声、活等。

园林模仿自然界的水体形式有：

池塘 采用条石、块石或片石砌石勘驳岸，水体比较规整，呈长方形、圆形、椭圆形等几何形；池中莳花养鱼。如苏州曲园的“曲水园”、杭州玉泉的鱼池。

湖泊 最为常见的水形，形状不规则，驳岸起伏弯曲，岸边垂柳拂水，水面有浩渺之感。湖中有曲桥、岛洲等。

江河 不规则带状分岔水体。一般以土岸为主，零星放置石块，点缀些藤蔓植物，以模拟江河自然景色。如颐和园后山下的河流，留园西部的之字形小河等。

山溪与谷涧 带形曲折的水面与山峦相配，造成山溪的景象；谷，低凹的幽谷和潺潺流水构成水涧，给人源远流长、高低错落的余韵。

瀑布 模仿自然界瀑布，增添山色、水声之美。人造瀑布造得巧妙，可深得自然之趣。苏州狮子林“听瀑亭”旁的人工瀑布，水闸一开，形成三叠瀑布，气势不凡，引人入胜。

渊潭 指悬崖峭壁之下的狭小水域。

天池 模拟大自然中的天然水池。如绍兴徐渭（文长）青藤书屋，在开井中，蓄一小池，方不盈丈，别有趣味。

源泉 既有对天然源泉的艺术加工，又有模仿自然的创作。水源有园外引水，池底泉水，或挖井沟通地下水等。

苏州最大的水景园拙政园的水体处理是江南园林中的上乘之作。此处原是一片积水弥漫的洼地，建园之初，利用自然条件，浚沼成池，环以树木，建成一个以水为主的风景园。现在水面约占全园面积 78 亩中的五分之三。总体布局以水池为中心，全园水体处理以分为主，富于层次和变化，因此，全园水体类型丰富，相互沟通，主次分明。中部水面约占三分之一，它利用原来的水源条件，开凿横向水池，以聚水为主，水面宽阔。临水建有不同形体的建筑，具有江南水乡的特色。中心景点远香堂向北，境界大开，一片水面山岛展现在眼前。水中二岛与远山堂隔水相望，起到分割水面和点缀作用，更增添水乡弥漫之意，形成山因水活、水随山转的意境，体现出明洁、清澈、幽静和开朗的自然山水风貌。小沧浪为三间水阁。南北两面临水，东西两侧亭廊围绕，构成独立的水院，把水域划分为二，不但不觉其局促，反觉面积扩大，空灵异常，层次渐多。人们视线从小沧浪穿小飞虹及一庭秋月啸松风亭，水面极为辽阔，而荷风四面亭倒影、香洲侧影、远山楼角皆先后入眼中，真有从小窥大，顿觉开朗的样子。正应了《园冶》中的话："池上理水，园中第一胜地"。拙政园可谓深得其奥妙。

水面处理的或聚或分，都要视实际水域面积而言，池面形状的确定，也要灵活处理。为避免呆板，池面大多采取不规则的形状。而水面的分隔，以廊、桥为妙，可以使水面与空间相互渗透，似分还连，最适宜于小水面。较大的水面则多设"水口"，有时形如曲折的水湾，使人望之有深远之感。

网师园是苏州最小的园林，占地仅7.5亩左右，但以精致玲珑，小中见大取胜。全园以水面为主体，仅400平方米的水面，以"聚"的理水方式，构成湖泊形状，给人以湖水荡漾的感觉。水畔建筑轻盈灵巧，植物简洁疏离，亭、台、廊、榭，无不面水，处处有水可依。既增加园景的层次和深度，又不逼压池面，还使池水显得广阔、明净。池岸低矮，叠石成洞穴状，使地面有水广波延和源头不尽之感。园主"渔隐"的主题，也得以体现。杜甫有诗"名园依绿水"，网师园正有这意境。

[名园·名文] 清 陈维嵩《水绘园记》

"水绘园"即向僧为主，更"园"为"庵"，名自此始。"水绘"之义：绘者，会也。南北东西，皆水绘其中，林峦葩卉，峡乢掩映，若绘画然。

古"水绘"在治城北，今稍拓而南，延袤几十亩。西望峥嵘而兀立者，曰"碧霞山"。由"碧霞山"东行七十步，得小桥，桥址有亭，以茅为之。逾亭而往，芙蕖夹岸、桃柳交映而蜿蜒者，曰"画堤"。堤广五尺，长三十余尺。堤行已，得"水绘园"门。门夹黄石山，上安小楼阁，墙如埤堄，列雉六七。门额"水绘庵"三字，主人自书也。门内石衢修然，沿流背阁，径折百余步，曰"妙隐香林"。由是以往，有二道：其一左转，由"壹默斋"以至"枕烟亭"；其一径达"寒碧堂"。堂之前，白波浩淼，曰"洗钵池"，盖自宋尊宿洗钵于此，因此为名焉。"洗钵池"前控"逸园"，右亘"中禅寺"，寺有曾文昭"隐玉"遗迹，绿树如环。其东向临流而阁者，曰余氏"壶领园"。由"壶领"水行左转，更折而北，曰"小浯溪"，溪出入萑苇，若楚"浯溪"然。由"浯溪"再折而西，曰"鹤屿"。旧时常有鹤巢于此，今构亭曰"小三吾"。又有阁曰"月鱼基"。皆孤峙中流，北城倚焉。南临"悬溜峰"下。稍折而东，亭曰"波烟月"。盖取长吉诗意。由亭而上，曰"湘中阁"，曰"悬溜山房"，参差上下，若凸若凹，凌虚厉空，泬寥莫测。西入石洞，甚廓，常有小穴，俯瞰"涩浪坡"，苔藓石纹如织。前临"因树楼"，则蟠伏宛在地中。由石洞右折而上，为"悬溜峰"。峰顶平若几案，可置酒，可弹棋。四顾烟云翕习，若"碧霞"，若"中禅"，若"逸园"、"壶领"，璇题缤纷，朱甍煊赫，盘亘"浯溪"如线，惟"洗钵池"则白浪驾空，有长天一色之观。峰之由南麓而来者，惟"妙隐香林"以至"涩浪坡"。其间名亭台而胜者十数，"涩浪坡"为最。坡广十丈，皆小石离立，可坐，当雨晴日出，则飞泉喷沫如珠，下有石渠，可作流觞之戏，有声淙淙然。其树多松，多桧、桂，多玉兰、山茶；鸟则白鹤、黄雀、悲翠、鹭鸥，鸂鶒时或至焉。"悬溜"之西有"镜阁"，兀立如浮屠，下列小屋，间侧不可名状。其北望隆然而高者，有土山，山之后有庐，曰"碧落庐"。"碧落庐"者，主人友戴无忝客居也。其先戴敬夫与主人善，拟构是庐不果，主人因为成之，而馆其子无忝于其中；今游“黄山”不归，更置一僧听夕，悠然有钟磬声。由庐而西，竹梁可通“鹤屿”。屿前数武，孤石亭立水中，状若“滟滪”，时跃白鱼，潨然闻水声。自兹以往，旋经小桥，陆行二百步，左转而东，得“逸园”。“逸园”，其先祖大夫玄同先生栖隐处，有古树高楼，直通“玉带桥”下。

注：水绘园是明遗民冒辟疆建在江苏如皋城北的私园。文中摹写山之形、色、声及构园之美；园林回环曲折，景、物繁多，但叙说得十分清晰，“空间”感很强。

三、植物

植物是构建园林景观的基本物质要素之一。

人类的衣、食、住、行，游览娱玩，绿化环境，净化空气，美化生活都离不开植物。远古时期，已经有园、圃的经营。甲骨文中有古圃字。在植物栽培技术的提高和栽培品种的多样化的同时，也使得植物栽培从单纯的经济活动逐渐进入人们的审美领域。较之西方园林中的大多注重植物形状之美，中国园林则是不仅取其外貌形象的美姿，而且注意到其象征性的寓意。如中国古时有“夏后氏以松，殷人以柏，周人以栗”为社木，即神木的记载，以松、柏、栗分别代表三个朝代的神木，赋予三个观赏树木有浓厚的宗教色彩和神圣的寓意。随着社会生产力的提高，人们逐渐消除或淡化了对大自然的神秘感，人们在发现自然的过程中，不断亲近大自然，并且感受到大自然的可爱，自然界万物的审美价值逐渐为人们所认识和领悟。农耕时期的先民，与树木的关系极其紧密。至晚到西周时，观赏树木就有：栗、梅、竹、柳、杨、榆、栎、梧桐、梓、桑、槐、楮、桂、桧等品种，花卉有芍药、茶、女贞、兰、蕙、菊、荷等品种。

植物在园林中的作用被重视，植物配置也就朝有序化方向发展。人们按照自己的意愿和需要，进行栽培、种植。欧洲规整式园林的建造，其主导思想是理性主义哲学，它所强调的是“理性的自然”和“有秩序的自然”，在此原则指导下，植物表现为成排成行，乃至树冠形状也被修剪成几何图形，也属必然。中国文化强调的是天人谐和的情调，在儒家学说中还有维护大自然生态平衡等环境意识，提倡顺乎自然的“纯自然”状态，一方面营造“本于自然，高于自然”的山水景观，另一方面又通过创造性劳动，把人文的审美融入其“第二自然”之中，也即是植物成为人文信息的载体，因此具有实用功能和文化价值。

《西京杂记》卷一提到武帝初建上林苑时，群臣远方进贡的“名果异树”就有三千余种之多。以下就是书中提到的90多种植物：

“梨十（即梨的十个品种）：紫梨、青梨（实大）、芳梨（实小）、大谷梨、细叶梨、缥叶梨、金叶梨（出琅琊王野家，太守王唐所献）、瀚海梨（出瀚海北，耐寒不枯）、东王梨（出海中）、紫条梨。枣七：弱枝枣、玉门枣、棠枣、青华枣、梬枣、赤心枣、西王母枣（出昆仑山）。栗四：侯栗、榛栗、瑰栗、峄阳栗（峄阳都尉曹龙所献，大如拳）。桃十：秦桃、缃核桃、金城桃、绮叶桃、紫文桃、霜桃（霜下可食）、胡桃（出西域）、樱桃、含桃。李十五：紫李、绿李、朱李、黄李、青绮李、青房李、同心李、含枝李、金枝李、颜渊李（出鲁）、羌李、燕李、蛮李、侯李。柰三：白柰、紫柰（花紫色）、绿柰（花绿色）。查三：蛮查、羌查、猴查。椑三：青椑、赤叶椑、乌椑、棠四：赤棠、白棠、青棠、沙棠。梅七：朱梅、紫叶梅、紫华梅、同心梅、丽枝梅、燕梅、猴梅。杏二：文杏（材有文采）、蓬莱杏（东郡都尉干吉所献。一株花杂五色，六出，云是仙人所食）。桐三：椅桐、梧桐、荆桐。林檎十株，枇杷十株，橙十株，安石榴十株，楟十株，白银树十株，黄银树十株，槐六百四十株，千年长生树十株，万年长生树十株，扶老木十株，守宫槐十株，金明树二十株，摇风树十株，鸣风树十株，琉璃树十株，池离树十株，离娄树十株，白俞、梼杜、梼桂、蜀漆树十株，楠四株，枞七株，栝十株，楔四株，枫四株。”

从上述的这些情况看来，上林苑就像是一座特大型的植物园，既有郁郁苍苍的天然植被，又有人工树木、花草以及水生植物。许多西域的植物品种，也引进苑内栽植，如葡萄、石榴等。

在园林中植物构成了优美的环境，渲染了游览气氛，增添了园林的生机和情趣，丰富了景色的空间层次，起到点缀景点，划分景区，烘托主题，创造意境的作用。园林花木的实用价值，按杨鸿勋先生所说，体现在九大造园功能中：

1. 掩映遮蔽，拓宽空间。如植物的垂直绿化具有独特的艺术效果，它可以柔化墙面，隐蔽不美观的墙体和有碍观瞻的构建物，提供私密性空间。

2. 笼罩景象，成荫投影，改善小气候，植物能起大作用。古木参天，藤蔓延展，环境清凉舒爽，空气洁净新鲜，足以令人怡然而自得。

3. 分隔景致，丰富内涵。“曲径通幽处，禅房花木深。”花木创造出幽深之景。清沈复游览江南名园海宁安澜园时，见到“池甚广，桥作六曲形，石满藤萝，凿痕全掩，古木千章，皆有参天之势，鸟啼花落，如入深山”。袁枚称其“擎天老树绿槎枒，调羹梅也如松古”。大树古木不仅是园内主要的风景画面，还使园景层层深远而奥秘无比。

4. 景物映衬，气韵生动。避暑山庄山岳区景点“山近轩”，是山庄苑中大型的山地园林之一。乾隆诗曰：“草房虽不古，而松与古之。”水中的水生植物，可以使水面生动活泼，丰富多彩，为园林景色增添情趣，还可以净化水体，增进水质的清凉与透明度。如荷花能够营造“接天莲叶无穷碧，映日荷 花别样红”的意境。“蒹葭苍苍，白露为霜。”秋风吹拂下的水中芦苇更具独特风韵。

5. 陈列鉴赏，景象点题。春兰、秋菊、水仙、菖蒲被称为花中“四雅”，都是园林陈设的重要观赏花卉。

6. 渲染色彩，突出季相。陈淏子在《花镜》中形象地描写了园林花木随着季相时序之变化，呈现出的美丽色彩。三春乐事：“梅呈人艳，柳破金芽。海棠红媚，兰瑞芳夸。梨梢月浸，桃浪风斜。”夏天为避炎之乐土：“榴花烘天。葵心倾日，荷盖摇风，杨花舞雪，乔木郁蓊，群葩敛实。篁清三径之凉，槐荫两阶之粲……”清秋佳景：“金风播爽，云中桂子，月下梧桐。篱边噪寒蝉……”寒冬之景：“枇杷垒玉，蜡瓣舒香，茶苞含五色之葩，月季逞四时之丽。……且喜窗外松筠，怡情适志。”园林中丰富的色彩，增加构图意趣，并影响感情和空间距离的变化。有楹联云：“喜桃露春浓，荷云夏净，桂风秋馥，梅雪冬妍，地僻历俱忘，四时且凭花事告。”扬州何园在植物配置方面，厅前山间栽桂，花坛种牡丹芍药，山麓植白皮松，阶前植梧桐，转角补芭蕉，均以群植为主，因此葱翠宜人，春时绚烂，夏日浓荫，秋季馥郁，冬令苍青。这都有规律可循，是就不同植物的特性，因地制宜地安排的。

7. 创造园林“声景”。诸如松涛竹韵、桐雨蕉霖、残荷听雨、柳浪闻莺、高槐蝉唱、苔砌蛩吟等，都是天籁之音。沈周《听蕉记》说：“夫蕉者，叶大而虚，承雨有声 …… 蕉静也，雨动也，动静戛摩而成声。”苏州拙政园有“听雨轩”，轩周围植竹子、芭蕉、梧桐树，轩南小池中有睡莲，因取唐诗“听雨入秋竹”而名之。拙政园“留听阁”，取唐李商隐的“留得枯荷听雨声”。拙政园的“听松风处”、怡园的“松籁阁”、避暑山庄的“万壑松风”，则是专为听松风而设的景点，都是借助植物造景的成功例子。

8. 绿化美化，营造氛围。园林花木有净化空气的作用，花的香气具有杀菌作用，还有降低噪音、吸尘、防风、防止水土流失、减少地表径流、吸收雨水等物理功能，招来自然界的飞禽，创造花香鸟语生机勃勃的园林胜境。

9. 根叶花果，四时清供。在大型园林中，它还具有不容忽视的经济价值。早在汉代的“上林苑”，植物中就有不少的果树，包括卢橘、黄甘、枇杷、沙棠、留落(石榴)、杨梅、樱桃等，它们除了装点园景外，鲜果可以采食；西晋石崇的“金谷园”里，也有“众果分蹶，嘉蔬满畦，标梅沉李，剥瓜断壶，以娱宾客，以酌亲属”。清康熙时的避暑山庄，还有大片的农田和果园、菜圃、瓜地。计成《园冶》中描述过花木的造景：“梧阴匝地，槐荫当庭；插柳沿堤，栽梅绕屋；结茅竹里，……夜雨芭蕉，……晓风杨柳。”《洛阳伽蓝记》中记载，吃白马寺中的果实，竟成为当时的风俗。

事实上，花木与环境的不同组合，总是体现着园艺家的精巧构思，它们创造出的各具特色的意境，则体现着园艺家的匠心独运。一草一木，倾注着人们深沉的感情，传达出自己的理想品格等精神追求，达到花木与环境，人与自然的和谐统一，营造符合自己审美理想的园林艺术境界。

人们在长期的造园活动和植物栽培实践中，发现和总结出各种不同的花木树木有着不同的生态习性和审美特征。如有的适宜在山坡，有的适宜种在水旁，有的适宜在窗前，有的适宜种在院子一角；有的长在春季，有的长在秋季；有的适宜赏花，有的适宜观叶。还有人画理：“春英、夏阴、秋毛、冬骨。”总之，花木的取裁，涉及到多方面的因素，一要适时适地，二要合理搭配，三要观赏和实用兼顾。有学者认为，植物配置，要符合功能上的综合性、生态上的科学性、风格上的民族性和地方性，配置手法上的艺术性。

中国人常常将园林花木“人化”，视其为有生命、有思想的活物，成为人的某种精神寄托，把花木的自然属性比喻为人的社会属性，花木在人们眼中含有特殊的文化意义。《楚辞》中写到多种奇花、异草、灵木；我国最早的诗歌总集《诗经》中，就用比兴手法，咏物抒情，引用花木达105种之多。

松、柏、栗　曾被作为三代神木，也是古老文化和民族的象征。“岁寒，然后知松柏之后凋”，被人看做不畏强权，坚贞不屈的精神象征，松与鹤一起，又表达了人们“松鹤延年”的美好祈愿。

梅　有“花魁”之誉，她花姿秀雅，风韵迷人，傲霜斗雪，清香飘逸。花有五瓣，故称“梅开五福”，象征吉祥；文人又视其品格高尚，而自标榜。苏东坡赞其“梅寒而秀，竹瘦而寿，石丑而文，是为三益之友。”

兰花　尊为“香祖”，花香清洌，幽居独处，典雅素朴。“高士”般的品质为人们所称道。后也作友谊的象征。

竹　修长有韵致，品格虚心、耿直，高尚不俗，生而有节，被视为气节的象征。杨州个园，即以“竹”为园景主题。同时，院中栽竹，也寓有“节节高”之意。白居易对竹情有独钟：“水能性淡为吾友，竹解心虚即可师”，还写了《善竹记》。

菊花　素洁、率真，傲然独立。推为九月花神。陶渊明有“采菊东篱下，悠然见南山”的诗句。有“隐士”之称。象征刚正不阿，不媚俗，独善其身。

牡丹　“百花之王”，雍容华贵，有国色天香的美称。热烈奔放，生机盎然，象征荣华富贵。唐时更以观赏牡丹为风尚。《群芳谱》中记载180余个品种。

芍药　形态富丽，花大色艳，与牡丹相类。“多谢化工怜寂寞，尚留芍药殿春风”。网师园有“殿春簃”。《芍药谱》载：“扬州芍药名于天下。”

月季　有花中“皇后”之称。四季常开，青春永驻，多为人咏赞。“惟有此花开不厌，一年长占四时春”（苏轼）。

荷花　花中“君子”。“出淤泥而不染”，卓尔不群的品格，为人们所效仿。被推为六月花神。拙政园主厅远香堂为明时建筑，高大宽敞，面对水域一片，广植荷花。堂名取自周敦颐《爱莲说》名句“香远益清”之意。夏日，莲叶何田田，荷花别样红，构成清丽别致的景观，体现了主人对莲花高洁品格的仰慕之情。杭州西湖的“接天莲叶无穷碧，映日荷花别样红”，更是怡情养性的好景致。

水仙　“凌波仙子”为其别称，高雅、脱俗。“莹浸玉洁，秀含芳馨”。

海棠　花中“神仙”，一支可压千林。

根据花木的习性，名称等，人们往往赋予特定的象征意义。如：橄榄象征和平；青松比做英雄；石榴寓含多子；紫薇、榉树比喻达官贵人；桂花比喻流芳百世；梅花象征坚贞；桃李比喻学生；紫荆象征团结；白玉兰象征冰清玉洁。

在古人眼里，园林花木还有“教化”作用。清人有论说：“梅令人高，兰令人幽，菊令人野，莲令人淡，春海棠令人艳，牡丹令人豪，蕉与竹令人韵，秋海棠令人媚，松令人逸，桐令人清，柳令人感。”（张潮《幽梦影》）。

长久以来，人们在许多植物中看到了自身的美，因而这类植物也就成为一种精神寄托。如颐和园乐寿堂前后庭遍种玉兰，海棠和牡丹，寓意“玉堂富贵”。苏州网师园“清能早达”大厅南庭院中，植两株玉兰，后庭院种两棵金桂，有“金玉满堂”的意思。苏州拙政园的紫藤，含“紫气东来”的寓意。苏州留园五峰仙馆前，松下有鹤，构成“松鹤长寿图”。南方住宅前后所种之树有“前榉后朴”的习俗，榉，谐音中举，朴，“仆人”伺候。枇杷，色如黄金，“枇杷熟时一树金”，为大吉大利之物。植物人格化、理想化在园林艺术中很为普遍。园林植物配置还须有诗情画意。“栽花种草全凭诗格取裁”（明·陆绍珩《醉古堂剑扫》）。人们从历史传统文化中汲取营养，借鉴古典诗文的优美意境，创造出具有诗情画意的园林美景。植物选择在姿态和线条方面既要显示出自然的美，也要能够表现出绘画的意趣。还要具有“以少胜多”的国画山水画简约的神韵。“咫尺之图，写百千里之景，东西南北宛尔在前，春夏秋冬写于笔下”（王维语）。西方园林常以人工把植物修剪成几何体形状，难入画意。中国园林大多以树木为主调，不以成片、成行排列，常常植以三两株，虬枝蔓藤，给人以郁郁葱葱的感觉。中国园林花木“入画为先，孤赏为主，组合成图”（陈从周语）。如拙政园“海棠春坞”，一共才海棠两株，榆一株，竹一丛。这也是中国园林以小见大创作原则的体现。

四、建筑

园林建筑也是建园要素之一。

中国园林的建筑无论其多寡，以及性质、功能如何，都力求与山、水、植物三者造园要素有机地结合在一起。彼此衬托、辉映、补充、谐调。它与西方园林大异其趣。法国古典式园林按古典建筑的原则来规划园林，以建筑为中心，以建筑轴线的延伸来控制园林全局，甚至不惜使自然建筑化；而英国的风景式园林，则使建筑与其他造园三要素之间的关系处在相对分离的状态，建筑美与自然美无法相统一。中国的园林建筑却能够很好地做到总体上的自然美与建筑美的融合，这要追溯其造园的哲学、美学、文化、思维方式，乃至造园用材等因素。

中国古代强调的是人与宇宙、人与社会生活的关系。它不是构建内部极其空旷让人产生恐惧的空间，而是平易的，接近日常生活的内部空间组合；它不是让人们去获取某种神秘、紧张的灵感或激情，而是提供明确、实用的观念情调，它不是原原本本的自然写实，而是“于有限中见到无限，又是于无限归有限”（宗白华语）。园林建筑是园林中的重点景观，是景域中的构图中心。“这里表现着灵感的民族特点”。与古希腊人对建筑四周的自然风景不关心，孤立地欣赏建筑本身一样，古代中国人，总要把建筑物与外部环境、自然景象紧密地联系起来，这种谐和的情况，在一定程度上反映了中国传统“天人合一”的哲学思想及返朴归真的意愿。

建筑美与自然美的融糅还得益于中国古建筑的木框结构，这种个体建筑，内墙外墙可有可无，空间可虚可实，可隔可透，木质的暖和感，比阴冷的石头更具亲和力、亲切感，使得中国园林建筑具有了与山、水、植物等结合的多样性、个体形象的丰富性的特点。

木构架建筑的类型有多种，这都是匠师们为了把建筑更好地融糅于自然环境中而进行的创造性劳动的结果。具体有以下几种类型：

厅、堂　为园林中主体建筑，“凡园圃立基，定厅堂为主”（明·计成《园冶》）。用长方形木料作梁架的称厅；用圆木料做梁架的称堂。厅，用来会客、宴会、行礼、赏景等，分普通大厅、四面厅、鸳鸯厅、花篮厅、花厅等类型。

四面厅　即四面有廊，往往四面设落地长窗，也有前后两面设落地长窗，左右设半窗。因此，不下厅堂，可以观赏到四周的景色，同时还给人以人和建筑都与周围环境融合在一起的感觉。苏州拙政园远香堂是典型的四面厅，其厅位于中部水池南面，四周落地长窗透空，环观四面景物，犹如观赏长幅画卷。

鸳鸯厅　用屏门、罩、纱等装修手法将厅分隔为空间大小相同的前后两部分，好像两座厅堂合并在一起。前半部向阳，宜于冬日，后半部面阴，宜于夏天，把不同的时间空间组合在一起。厅前后两部分的梁架一为扁作大梁，雕饰精美；一为圆作，极为简练。由此形成对比，如同鸳鸯雄雌不同的外形，故名鸳鸯厅。苏州留园的林泉耆硕之馆是典型的鸳鸯厅。装修精美的卅六鸳鸯馆是拙政园西部的主体建筑，馆北面因池内游戏着十八对鸳鸯，因此称做“卅六鸳鸯馆”。馆南面因小院内有十八株山茶花，山茶花又称曼陀罗花，故称“十八曼陀罗花馆”。馆内的梁架采用四个轩相连的满轩形式，轩形如鹤胫和船篷。卅六鸳鸯馆在四隅各建耳室一间，作为附房。厅的平面和形式别致，在国内少见。

花篮厅　这是一种梁架形式别致的厅堂，其特点是将室内中间的前面或后面的两根柱子不落地，悬吊于搁在东、西山墙的大梁上，柱下端雕镂成花篮形。这样的处理既扩大了室内空间，显得开敞，又增添了装饰性。由于受木材性能的限制，花篮厅的面积一般较小，多作为花厅用。苏州拙政园住宅东庭院内的鸳鸯厅，前后两部分均有花篮吊柱，将两种厅的形式组合在一起，形成别致的鸳鸯花篮厅。由于将令人喜爱的鸳鸯和花篮组合在一起，使厅内显得轻盈精巧，洋溢着自然气息。

普通大厅　其面积和体量较大，或前

后有廊，或仅设前廊，也有不设廊的，形式无定制。苏州留园五峰仙馆面阔五间，室内高敞，用纱和屏风分隔成主次分明的前后两部分，是留园主要厅堂。前后庭院均堆叠石假山和花台，环境幽雅。

堂 “自半已前，虚之为堂。”厅堂大多有临水的宽敞平台，面对水景和假山，互为对景构成园中主要景区。

轩馆 轩，类似古代的车子，形式多样，并无特定形制。一般建于高处，三面敞开，可观景致，精致轻巧。馆，“散寄之居曰馆”，意思是暂寄居的地方。馆的规模，大小不一，一般体量不大。常与其他一小组建筑相连，朝向不定。馆前常有宽大的庭院，苏州拙政园的卅六鸳鸯馆和十八曼陀罗花馆北临水池，南方墙封闭，四角有耳房供出入，形体独特，为园内仅有。

斋、室、房 斋，也称山房，较堂小而隐。“气藏而致敛，有使人肃然斋敬之意”。一般称需要静的学舍、书房为斋。室、房，一般为辅助性用房，位于厅堂旁，或园林一隅。

楼阁 用于登高望远，多设在园的四周或半山半水之间，一般有两层。上海豫园内园西南隅的观涛楼高三层，高耸挺秀，造型美观，旧时为士绅名流品茗赋诗、凭栏观赏黄浦江波涛之处。苏州沧浪亭东南隅的看山楼，过去是远眺苏州西南诸山之处，楼名取“有客归谋酒，无言卧看山”之意。此楼建于黄石堆叠的石屋上，具有天然之趣。楼有时在园内处于显要的地位，成为构图中心。

苏州拙政园西部中心的假山上建有浮翠阁，阁平面为八角形，二层攒尖顶，仿佛浮于葱翠树丛之上。“浮翠”二字取自苏轼《华阴寄子由》诗：“三峰已过天浮翠，四扇行看日照扉。”

最具书卷气的是宁波的天一阁，明嘉靖时兵部右侍郎范钦为藏书而建，是我国最早的私人图书馆。楼面临庭园，上层缩进，因此建筑虽然面阔六间，却不显得体量庞大。清乾隆为珍藏《四库全书》而修建的文渊、文津、文澜、文汇、文宗等阁，都参照了天一阁的布局和形式。

榭舫 二者均为临水建筑，既有休息、游览的功能，更起着观景和点缀风景的作用。体量都不大，形式轻巧，与水池、池岸相对应、协调。榭，藉景而成，或水边，或花畔，制亦随态。在水边称水榭，又称水阁。临水处有石柱承重，立面或开敞，或设窗，设有栏杆或靠椅。舫，又称旱船，是模仿舟船以突出水乡景观的建筑，登之产生荡舟水上之感。舫由头舱、中舱、尾舱三部分构成。前舱较高，气势轩昂；中舱较低，顶为两坡式，两侧有和合窗；尾舱多为两层，便于登高眺望。船头有仿跳板的石条与河岸相连。南京煦园“不系舟”建于清乾隆十一年（1746年），用青石砌制，形制古朴，稳重坚实，船身为木构，制作精巧。陆地上的一种称“船厅”。

廊 本为连系建筑物、划分空间的造园手段。“随形而变，依势而曲，或蟠山腰，可旁水际，通花渡壑，蜿蜒无尽。”变化万千，将山、池、房屋、花木联结笼络成一整体。按在园林中的位置可分为：沿墙走廊、空廊、回廊、楼廊、爬山廊、水廊等。其中沿墙走廊和空廊较为多见。廊的设置还可打破围墙或院墙的单调、封闭气氛，增加园林风景的层次、深度。

楼廊 又称边楼，有上下两层走廊。扬州何园楼廊、苏州拙政园楼廊、苏州环秀山庄楼廊都各有特色。

爬山廊 建于地势起伏的山坡上，不仅可以连接建筑，高低起伏的走势也丰富了园林景色。如苏州留园涵碧山房西面至闻木樨香轩一段走廊，其旁院墙墙脊也随着走廊起伏呈波浪形（称云墙），更增添了走廊的动感。

水廊 凌跨于水面之上，人行走在廊中恍如身在水上。苏州拙政园西部水廊几经曲折，高低起伏，转折处留出小水院，贴墙堆叠湖石、点缀花木，又成一景。

复廊 即两廊并为一体，中间隔着一道墙，墙上设漏窗，景色互相渗透，似隔非隔。人在廊中行走时，透进各个漏窗看到不同的景色，感受到步移景异的妙趣。苏州沧浪亭复廊分隔园内外，两端分别连接面水轩和观鱼处，廊边驳岸堆砌自然，树木、藤萝相映，水中倒影构成一幅长卷画。

颐和园前山环湖有一条长廊为中国园林长廊之最，也是"世界长廊之最"。共273间，728米长，东起邀月门，与乐寿堂相连，前经排云殿，廊中错落着留佳亭、对鸥舫、寄澜亭、秋水亭、鱼藻轩、涛遥亭等建筑，西至石丈亭。宛如一条长长的纽带，把颐和园前园中的建筑和自然总绾在一起，游人既可欣赏昆明湖辽阔壮观、水天一色的景象，又可仔细观赏长廊梁枋上的"苏式"彩画故事及风景等细微装饰图案，令人叹为观止。

亭 既有点景作用，又有观景功能。有时成为园中主景，更是观景的最佳处。其特殊的形象还体现了以圆法天，以方象地，纳宇宙于芥粒的哲理。"惟有此亭无一物，坐观万景得天全"（苏东坡语）。亭子的式样较园林中其他建筑丰富，"无园不见亭"。亭常设于山巅、水际、路旁、林中，小巧玲珑的亭大多不设门窗，亭内空间与周围的自然环境完全融合在一起。

墙 园林中用砖、石或土筑成的屏障。有内墙、外墙之分。墙的造型丰富多彩，有云墙、花墙等。墙上常设有漏窗，窗景多姿，墙头和墙壁也常有装饰。

此外，园林建筑中的装饰也达到美轮美奂的境界。"世界无论何国，装修变化之多，未有如中国建筑者"（伊东忠太《中国建筑史》）。园林建筑装饰展现了古代工匠们的精湛技艺，也体现了中国传统文化心理，有祈吉纳福，有教化功能，也可渲染雅致情趣和文学气氛。无论花卉图案、楹联匾额，既是精美的艺术品，又具有深厚的文化蕴涵。

第三节 园林景观的构景艺术

中国园林景观的构景中，十分注重人与自然关系的和谐，采用多种手段来表现自然，以达到小中见大、移步换景的理想境界，从而取得自然、恬静、含蓄的艺术效果。中国园林景观一般有以下几种构景手段。

抑景 中国传统审美观讲究含蓄，主张"山穷水尽疑无路，柳暗花明又一村"的艺术方法。因此，在园林设计中，造园家常采用"先藏后露"，"先抑后扬"的构景手段。即先把园中的景致隐藏起来，不使游人一览无余，然后再通过曲径，略展一角撩动心弦，最后才突然展现出来，使人心情为之一振，以此来提高风景的艺术感召力。抑景有"山抑"（如苏州拙政园的大门口的假山，这种处理方法称之为山抑）、"树抑"（如在苏州的留园、怡园中，利用一片树林或一转折的廊院才来到园中的处理方法称为树抑）。

借景 "园林之妙，在乎借景"（《园韵》）。将有限的园林景观，融入到周围大自然环境中的方法，叫借景。利用自然地形和环境的特点来组织安排空间，是园林艺术创作的一个重要方法。扬州个园中山顶亭子处，可见群峰都在脚下，北眺瘦西湖、观音山等景色，为"借景"妙法。基本原则是"得景则无拘远近，晴峦耸秀，绀宇凌空。极目所至，俗则屏之，嘉则收之，不分町疃，尽为烟景"。在俯瞰、仰视、远眺、近观之时，让人既能看到如画的景观，又能领略无穷奥妙。如苏州沧浪亭的借景处理，使有限的空间营造出较大的气势。计成《园冶·借景》中说："夫借景，园林之最要者也。如远借、邻借、仰借、俯借、因时而借。然物情所逗，目寄心期，似意在笔先，庶几描写之尽哉。"借远方的山，为远借（如颐和园用一线西堤绿柳，将西部园墙全部隐去，却可远眺数十里外的西山群峰和玉泉宝塔）；借邻近的树，为邻借（如苏州拙政园在西部假山上筑两座高出围墙的亭子，可俯看相邻园中的树木花草）。还有一种叫"因时而借"，可观四季变化。

点景　在园林中起着填空补缺的作用。墙角花坛，夹道幽篁，云墙藤蔓，粉壁题刻，往往在不经意处点缀成趣。留园的花步小筑，石笋古藤，粉墙题额，已经成为标志性景点，堪称点景的杰作；杭州三潭印月也是点景佳作。

添景　当风景点与远方的对景之间是一大片水面，或中间没有中景、近景作为过渡时，对整个风景区来说，就会缺乏观赏性和感染力。景深的感染力，在园林风景的评价中占有极其重要的地位。为此，造园常采用乔木、花卉作中间、近处的过渡景，这种构景手段称为添景。在树种上，既要求形体巨大，又要花叶美观，红叶树的乌桕、柿子、枫香，常绿阔叶树如香樟、榕树，以及花木果树如银杏、木棉、玉兰、风木等，均为添景的好材料。

夹景　古代造园家常用建筑物或绿色植物屏蔽左右两侧单调的风景，只留下中央充满画意的远景，从左右配景的夹道中映入游人的视线，这种构景手段称为夹景。

对景　是突出景物的一种手法。在园林中起联结作用，处在园林轴线或风景视线两端。如拙政园"枇杷园"云墙上的砖砌圆洞门与"嘉实亭"、"雪香云蔚亭"三景同处在一条视线上，通过圆洞门联系前后景致而构成对景，使"枇杷园"与园中其他景象组合联系在一起，大大增添了该园的景观情趣。北京圆明园、三海等有着辽阔的水面，利用水的倒影、林木及建筑物，能够虚实互见，这也是一种更为动人的"对景"了。朱万钟有诗云："更喜高楼明月夜，悠然把酒对西山。"说的也是对景。

障景　障景也是造园的一种重要手法，能使景物深藏勿露，耐人寻味，还起着分隔园景、欲扬先抑等多种作用。如拙政园枇杷园用云墙及绣绮亭土山围成院落。自成一区，辟出圆洞门斜对园中主景——湖山小岛，妙在隔而不断，曲折幽深。拙政园中部原经狭长小弄入园，进门就是一座黄石假山，使全园景色隐藏而不外露。

框景　框景是把自然的风景，用类似画框的房屋的门、窗洞、窗架或乔木树冠抱合而成的空间把远景框起来，构成一幅动人的图画。

漏景　漏景是由框景演变而成。中国园林中，在围墙和穿廊的侧墙上，常常开辟许多美丽的漏窗，可看见园外的风景，这种构景手段称为"漏景"。漏窗的窗洞形状多种多样，有几何图案，有葡萄、石榴、竹节等植物，还有鹿、鹤等动物造型。

移景　移景属仿建的一种园林构景方法。如避暑山庄的芝径云堤是仿杭州西湖苏堤所造，扬州瘦西湖的莲性寺白塔是仿北海白塔。移景手段的运用，促进了南北筑园艺术的交流和发展。

园林景观的构景艺术，就是通过布置空间、组织空间、分割空间、利用空间、创造空间、扩大空间等手法，丰富美的感受，创造艺术意境，体现出"大中见小，小中见大，虚中有实，实中有虚，或露或藏，或浅或深，不仅在周回曲折四字也"（沈复《浮生六记》）。

第四节 园林景观的审美情趣

园林景观体现着自然、历史、民族习惯、民族风格等因素的影响作用。中国古典园林的创作与鉴赏，在世界园艺史上具有十分独特的审美意义和个性特色。虽然在自然美的形成与发展过程中，园林创作也是遵循着艺术表现的一般规律，但在对自然美的感受上，中国园林以其强烈的民族特色而与西方园林迥然不同。西方一般是几何图形园林设计，强调整齐的形式美，而中国的园林则是师法自然，融于自然，顺应自然，表现自然，充分体现了中华民族的天人合一的民族文化。

中国园林景观追求的是创造人化的自然美。其艺术感染力既产生于山形、山色、植物等人化的自然美和建筑及其与周围环境的关系之中，还产生于园林艺术与文学等多种艺术相结合的人文美之中。在创作中追求的是意境，是品位，是物质世界中的精神世界；在审美中追求的是寄托，是情景交融；尤其“诗情画意”更是中国园林的特殊艺术追求。“审美感受之深浅，实与文化修养有关”（陈从周语）。作为观赏者，应着力提高自身修养，尽情享受园林艺术的无穷的美感。

中国园林景观是一个丰富的艺术综合体，它将文学、哲学、美学、绘画、戏曲、雕塑、工艺美术、书法艺术等融会于一体，创造出一个立体的、动态的、绚丽夺目的艺术世界。它的美，需要把各个艺术门类，诸如文学、雕刻、书法、音乐等，与令人心旷神怡的山林、蜿蜒的涧溪，飞泻直下的瀑布、奇特的山石、平静的湖面之类自然风景，乃至动植物形体，融为一体，重新铸冶成一种新的艺术作品，才能显示出来。既经组织到园林艺术作品当中的诸元素，便成为园林景象空间不可分割的组成部分。构成一个完整的艺术体系。

中国园林景观是一种理想化的艺术形式。在艺术风格和文化底蕴上独树一帜的中国园林，人文内涵极其丰富，洋溢着浓郁的理想主义色彩。每一座园林就是一首诗，每一座园林就是一幅画，每一座园林就是一个精神的家园。园林发展史，几乎就是文化史的缩影。人们的价值取向、审美观念、理想追求、艺术情趣等，通过园林的一山一水，一草一木、一亭一阁、一沟一壑，婉转而含蓄地从中表现出来。

“化实景为虚景，创形象为象征，使人类最高的心灵具体化，肉身化……这就是艺术境界”。（宗白华《美学散步》）。

这是源于中国古代传统的审美观念，古人认为大自然的品格是人类一切美好品德的母体。造园家通过运用各种手段和方法，构建营造了园林的艺术之美，供人们尽情娱乐、观赏和品味，但我们对园林的鉴赏，却不能仅仅局限于眼前所见的、具体的外部表象，而应从中感悟、领略、发掘其内在的精神品质之美。也即是从感官的享受，升华为理想的精神境界。这是中华民族自然审美心理在园林欣赏过程中的真实体现。园林景观是再造的自然，它不是机械地模仿自然，而是经过艺术创作和加工，经过提炼和美化，所以说，中国园林是一种体现着人文理想的艺术形式。

中国园林景观深得国画简约之理，以少胜多，以小见大，虚实结合，具有哲理之美和虚拟之美，观赏者得以具有广阔的想像和联想的空间。西方园林强调规则、整齐、对称与平衡，与中国园林的模仿自然、亲近自然迥然不同，西方园林重在体现人对自然的改造和征服，更多的是人为的方式以及力量的展示。在园林中，常常表现为方正的人工湖，宽阔的运河，笔直的道路，排列成行的行道树，修剪成立方体或圆柱体形状的树冠，还有喷泉等等。

中国园林景观从造园构想规划，到实施建造，再到成型竣工，直至游玩观赏，这中间始终贯穿着一条主线，即人与自然的和谐相处；这中间融入了人生的思考和生命的感悟。“醉翁之意不在酒，在乎山水之间也。”这“虽由人作，宛如天成”的园林，与大自然一样，能够给予人们哲理的启迪和美的享受。

中国园林景观有一种逸趣美。李渔《一家言》中说“宁雅勿俗”。文震亨的《长物志》，更是把文人的雅逸作为园林从总体规划直到细部处理的最高指导原则。在中国特有的、漫长的封建社会中发展和成熟起来的园林艺术，特别是私家园林，主人因各种际遇和心态，钟情于山川，寄情于园林，去追求“城市山林”的隐逸生活。“不出城郭，而享山林之美。”在造园过程中，除了艺术再现自然山水之美外，同时寄托着士大夫阶层一些人物的感情。即使是园林中的花草树木，也同样寄寓着园主们强烈的主观感受，蕴含着丰富的文化意义，表现出超凡脱俗的人格和胸怀。个人的追求与对自然的欣赏结合起来，使园林的内容更加丰富。

中国园林景观还体现出辩证统一的哲理美。在构园过程中，较好地处理一系列对应关系：如人与园、园与景、花与木、山与水、石与土、建筑与环境、自然与人文等。在构园艺术中则表现为：虚与实、藏与露、远与近、高与低、透与隔、刚与柔、雅与俗、曲与直、疏与密、源与流、多与少、大与小、断与续、简与繁、俯与仰、动与静的统一。在赏园中又充分调动主体的主观能动性，融景、情、事、理于游园、赏园这一高雅活动之中。所谓园林韵味，正是人的精神。

中国园林景观体现出自然美、艺术美和理想美的有机统一，其审美情趣非常独特，这种“移天缩地在君怀”的园林艺术，在世界园林史上，也是独树一帜。

[名园·名文] 唐　白居易《<池上篇>序》

都城风土水木之胜在东南隅，东南之胜在履道里，里之胜在西北隅。西闬北垣第一第即白氏叟乐天退老之地。地方十七亩，屋室三之一，水五之一，竹九之一，而岛池桥道间之。初乐天既为主，喜且曰：“虽有台池，无粟不能守也”乃作池东粟廪；又曰：“虽有子弟，无书不能训也。”乃作池北书库；又曰：“虽有宾朋，无琴酒不能娱也。”乃作池西琴亭，加石樽焉。乐天罢杭州刺史时，得天竺石一、华亭鹤二，以归；始作西平桥，开环池路。罢苏州刺史时，得太湖石、白莲、折腰菱、青板舫，以归；又作中高桥，通三岛径。罢刑部侍郎时，有粟千斛、书一车、洎臧获之习管善弦歌者指百，以归。先是颖川陈孝山与酿法，酒味甚佳；博陵崔晦叔与琴，韵甚清；蜀客姜发授《秋思》，声甚淡；弘农杨贞一与青石三，方长平滑，可以坐卧。大和三年夏，乐天始得请为太子宾客，分秩于洛下，息躬于池上。凡三任所得，四人所与，洎吾不才身，今率为池中物也。

每至池风春，池月秋，水香莲开之旦，露清鹤唳之夕，拂杨石、举陈酒、援崔琴、弹奏《秋思》，颓然自适，不知其他。酒酣琴罢，又命乐童登中岛亭，合奏《霓裳散序》，声随风飘，或凝或散，悠扬于竹烟波月之际者久之；曲未竟，而乐天陶然已醉，睡于石上矣。睡起偶咏，非诗非赋，阿龟握笔，因题石间，视其粗成韵章．命为《池上篇》云尔。

诗附录：十亩之宅，五亩之园。为水一池，有竹千竿。勿谓土狭，勿谓地偏。足以容睡，足以息肩。有堂有序，有亭有桥，有船有书，有酒有肴，有歌有弦。有叟在中，白须飘然，识分知足，外无求焉。如鸟择木，姑务巢安，如蛙居坎，不知海宽。灵鹤怪石，紫菱白莲，皆吾所好，尽在吾前。时引一杯，或吟一篇。妻孥熙熙，鸡犬闲闲。优哉游哉，吾将终老乎其间。

注：《池上篇》是白居易的一首诗。公元829年白在洛阳建园，本文记录了白氏园林的创建经过、各类物件的来历，以及景物布局、四时变化之景等。白居易为文人造园第一人，文中反映了作者的园林美学思想和寄情山水自然的恬淡心境。

[名园·名文] 清　袁枚《随园记》

金陵自北门桥西行二里，得小仓山。山自清

凉胚胎，分两岭而下，尽桥而止。蜿蜒狭长，中有清池水田，俗号干河沿。河未干时，清凉山为南唐避暑所，盛可想也。凡称金陵之胜者，南曰雨花台，西南曰莫愁湖，北曰钟山，东曰冶城，东北曰孝陵、曰鸡鸣寺。登小仓山，诸景隆然上浮。凡江湖之大，云烟之变，非山之所有者，皆山之所有也。

康熙时，织造隋公当山之北巅，构堂皇，缭垣牖，树之荻千章、桂千畦，都人游者，翕然盛一时，号曰隋园，因其姓也。后三十年，余宰江宁，园倾且颓弛，其室为酒肆，舆台欢呶，禽鸟厌之不肯妪伏，百卉芜谢，春风不能花。余恻然而悲。问其值，曰三百金，购以月俸。茨墙剪园，易檐改途。随其高，为置江楼；随其下，为置溪亭；随其夹涧，为之桥；随其湍流，为之舟；随其地之隆中而欹侧也，为缀峰岫；随其蓊郁而旷也，为设宦窔。或扶而起之，或挤而止之，皆随其丰杀繁瘠，就势取景，而莫之夭阏者，故仍名曰随园，同其音，易其义。

落成叹曰：“使吾官于此，则月一至焉；使吾居于此，则日日至焉。二者不可得兼，舍官而取园者也。”遂乞病，率弟香亭、甥湄君移书史居随园。闻之苏子曰：“君子不必仕，不必不仕。”然则余之仕与不仕，与居兹园之久与不久，亦随之而已。夫两物之能相易者，其一物之足以胜之也。余竟以一官易此园，园之奇，可以见矣。己巳三月记。

注：袁枚居江宁（今南京）筑室小仓山隋氏废园，改名随园。文中记录了园的地理位置、来历、名称由来，园中诸景的布置和安排。同时连带着小仓山、清凉山、干河沿、雨花台、莫愁湖、钟山、孝陵、鸡鸣寺等金陵胜景。体现出袁枚随形设置、就势取景的构园技巧和独到的园林美学思想。

思考题

1. 试比较中西方园林艺术特征的异同。
2. 如何理解中国古典园林中的假山之“假”。
3. 谈谈“理水”在造园中的作用。
4. 试论中西园林中植物造型的差异。
5. 说说中国园林景观与田园山水诗画的联系。

第三章 景观人文·建筑景观

第一节 建筑景观概述

建筑景观是人类所创造的物质文明和精神文明展现在广袤大地之上的一种空间文化形态。它是人类按照一定的建造目的，运用各种建筑材料、一定的科学技术和审美观念而进行的一种大地营构。无论是雄伟壮丽的宫殿、神圣庄严的寺庙、灵动精巧的亭台楼阁、宁静秀丽的山水园林、质朴实用的民居村落，还是华美典雅的西方建筑，或者令人发思古之幽情的古迹遗址，都是随时间的流动而矗立在大地上的空间存在，这些建筑虽然默默无语，但都分明透露出深沉的历史沧桑感，以独特的形象语言，传达出这个国家、民族、时代乃至地域和个人的“文化”。对当时、现在和将来都产生巨大的影响。它不仅反映了各个时期建筑本身的技术和艺术水平，而且也反映了当时的科学技术与文化艺术的成就，反映了当时社会的政治和经济力量。“建筑是有生命的，它虽然是凝固的，可在它上面蕴含着人文思想”（贝聿铭语）。

根据考古学材料，人类学家一般认为，最原始的人类大约诞生于距今二、三百万年以前的遥远时代。从那时起，人类绝大部分时间都是在原始状态度过的。人类脱离原始状态进入有文字的文明时代，也不过三四千年的时间。相对于人类进入文明社会以后的建筑活动而言，所谓史前建筑，只不过是些权作栖身的低矮暗黑之处。尽管如此，我们还是不能低估了这个作为基础的价值。因为，建筑在文明社会的加速发展，正是以史前建筑长达数万年的技术手段的积累，建筑造型手法的积累，以及人类祖先对建筑和建筑艺术的逐渐自觉为基础的。

人类一开始只是寻找自然庇护所，如大树、石穴、岩洞等，即人类最原始的居住方式：树居、崖下居、岩洞居等。人类对自然进行进一步的探索，独立地、创造性地营造自己的居所，这一过程当不迟于原始社会晚期。一般来说，人类最初的创造活动大多与自然的启示有关，从已有的经验中获取模式。中国傣族和景颇族都有从鸟学会造房子的传说；新几内亚和印度尼西亚一些原始部落，还有每年定期爬上大树居住一段时间的风俗。在非洲坦桑尼亚奥杜威峡谷发现一处月牙形熔岩堆，堆叠年代约在一百七十万年至二百万年前，可看做是向真正的房屋发展过程中的过渡环节。新石器时代的原始农业和定居是联系在一起的，正式住房的出现正是农业生产催化的结果。房屋按构筑方式分为两种，即穴居和干阑。

穴居建筑的发展，从剖面看，大致是穴居、半穴居——地面建筑——下建台基的地面建筑，居住面逐渐升高；从平面看，则是圆形——圆角方形或方形——长方形；从开间数看，则是单室——吕字形平面（前后双室，或分间并列的长方形多室）。总体上，从不规则到规则，从没有或很少表面加工到使用初步的装饰。

最早的穴居住房平面都是圆形的，这是世界各地的普遍现象。“最原始的部落喜欢圆形小屋"（《事物的起源》德国·利普斯）。后由圆角方形过渡到方形屋。圆形、圆角方形、方形和长方形住房的内部布局都差不多，房屋一面开门，室内分灶炕、睡卧和炊事三部分。出于实际功能需要，恰好导致以入口和灶炕的连线为平面中轴线和按中轴线作出的对称布局。在中国半坡遗址发现的地面建筑，其柱位关系开中国建筑纵横梁架结构体系的先声。承重的柱和不承重的墙的分工，是以后中国建筑的重要结构特征之一。长方形平面、以长边为主要立面、单数开间，成为中国几千年来最通行的形制。中国建筑重在处理长面显现出来的屋顶和屋身。屋顶尤其被强调。中国文字凡与建筑有关的大都是有宝盖头（即"屋顶"）。欧洲建筑则重在处理山面的三角形，山花和屋身，屋顶造型不占主要地位。现在所知最早以山面为入口的建筑遗址，是西亚约旦河谷耶利哥前陶新石器文化B层的一座神庙，距今约八九千年。可见中外建筑分化发生得很早。

从上述演变过程可以看出，人类在建房屋时，总是按实际需要，按照各种物质生活和精神生活的"尺度"来构想和建造的。人的生活是一种主动的不断开拓的创造过程，人类创造的建筑空间就是人的生存空间，体现着人的愿望、智慧和热情，洋溢着人类创造的激情。

私有制的产生促使贫富分化，阶级开始产生，建筑也出现分化，在上层阶级的建筑中就有可能集中更多的聪明才智、劳动力和剩余产品，使之得到快速发展，也为建筑艺术的新的拓展提供了充分的条件。如"白灰面"的使用，具有修饰建筑表面的作用。中国宁夏固原店河齐家文化房址，在白灰面的内壁下部，出现了用红色线条描绘的简单装饰纹样，是中国发现的最早壁画。原始社会晚期龙山文化遗址中已经出现下有台基的长方形建筑，而另有一些"房屋"面积狭小，平面形状不规整，质量明显差劣，建筑中也体现了社会学意义。

树居——巢居——干阑，是干阑系列的发展线索。欧洲干阑建筑较中国现所知的最早的干阑遗址为晚，距今约四五千年。中国现知最早的也是最重要的干阑遗址在浙江余姚河姆渡村，距今约六七千年。在河姆渡发掘区中部约300平方米范围内，至少有三栋以上的干阑，其中一座的不完全长度达23米，使用了四列平行桩柱，列距由前至后为1.3米、3.2米和3.2米，估计所建长屋进深约7米，前有深1.3米带栏杆的走廊。居住面地板距地约0.8～1米。每列柱顶以长木相连，长木之间置地板横梁，梁上铺板，建屋。长屋背坡面水，纵轴与等高线平行。河姆渡干阑广泛采用榫卯结构，是用石凿、骨凿和石斧加工的，板材则用石楔劈成，甚至还可以做出企口板和直栏杆，比穴居建筑广泛采用的绑扎结构要先进。以后中国木结构通行的榫卯结构，很可能就是从干阑发展起来的。干阑的矩形平面也出现很早，这可能与干阑通常以长木为水平构件的构造方式有关（图3-1）。

在河姆渡遗址还发现了中国最早的水井，挖掘在一个小池的中央：水量丰富的季节在水池取水，枯水时在井里取水。井壁由许多圆木层层交叠成"井"字，称为井干式结构，由此可知"井"字的由来。从建筑技术角度看，人们惊讶于当时的河姆渡人能熟练地使用榫卯、企口等技术，从采光保暖的要求看，当时的这些架空于地面的房屋、干阑式房屋，取南偏东7°至10°的朝向，非常适合冬暖夏凉的要求。其布局既体现了人类对周围环境的适应，更反映出先民对自然、地理的认识和利用。

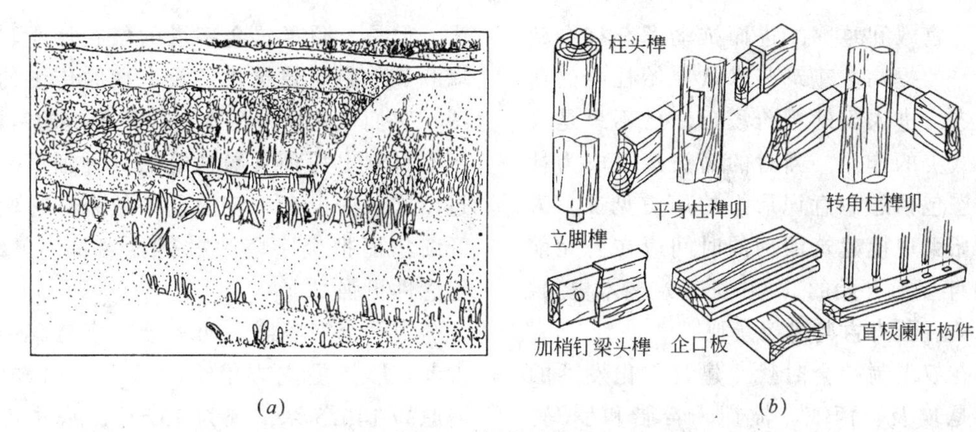

(*a*) (*b*)

图 3-1 河姆渡遗址

(*a*) 浙江余姚河姆渡干阑式房屋遗址；(*b*) 河姆渡遗址出土的榫卯构件

穴居和干阑，是史前建筑的两大系列。从构造材料及形式看，地方风格比较显著。如穴居大都分布在雨水较少，土质相对坚硬的地域。屋顶、墙厚厚地涂抹着草泥，也有的把泥糊在秸秆上，火烧硬结成墙。房屋形体厚重墩实，与周边环境色调一致。干阑建筑大多在雨水较多，土地潮湿的地方，下层架空，或围以薄薄的木板，或以席为墙，或养牲畜，或堆杂物，空廊带有栏杆，屋檐远远挑出，空灵而通透。这种"地方风格"的形成，最初是由于气候、环境等自然条件的不同造成的，在以后的进一步发展中，不同地域文化人群的审美意识起到越来越大的作用，建筑具有人文精神的意义。在"中国原始第一村"的安徽省蒙城县尉迟寺遗址中，发现近5000年前建造的红烧土排房，这是我国迄今为止，保存最完整、内容最丰富、规模最宏大的史前建筑遗存。这些房子全部是木质网状框架，外抹灰泥，整体烤烧而成，形成冬暖夏凉、牢固美观的建筑。房子的建造均经过挖槽、立柱、抹泥、烧烤等建筑工序，被誉为"史前的豪宅"。从已发掘的情形看，为三排平行主体房屋的格局，周围还有大型壕沟，似为聚落整体。浙江余杭莫角山遗址是良渚文化的中心，为一座大型礼仪性建筑基址，被誉为"五千年前的紫禁城"。其柱子直径50～60厘米，可见当时有大型建筑；大土台南北正向长450米，宽760米，由13层沙、泥逐层堆垒而成；有"五千年的长城"之称的土垣遗址绵延5公里，足证当时工程之巨大，规模之宏伟，也足以证明建筑决策者、指挥者非凡的水平和才能。

史前建筑经历了漫长的萌芽时期，发展速度由缓慢而加速。人们积累起了许多有关建筑形体美处理和空间处理的经验，这些都为日后建筑艺术的发展打下了最初的基础。正如恩格斯在《家庭私有制和国家的起源》中所说的，"作为艺术的建筑术的萌芽"，至迟在新石器时代晚期以前就已经出现了。当然，史前建筑因生活和生产方式的简单和类似，在世界范围都显示出极大的共性。

在脱离了原始状态，进入"文明时代"(摩尔根语)，即奴隶制社会以后，建筑艺术作为意识形态领域的活动之一，主要反映了统治的观念。"劳动产生了宫殿，但是替劳动者产生了洞窟"(马克思语)。生产力的提高使社会财富增加，贫富分化更加明显，这一分化对历史发展起到巨大的推动作用，社会的分工促使文化、科学、艺术和学术的发展。建筑的发展首先体现在直接服务于统治阶级的各类建筑，如城堡、城市、宫殿和墓葬，进而推动了全社会建筑水平的提高。建筑艺术从原始社会的萌芽状态，进入到幼稚阶段后，已不只是具有形式美的作用，当时的高级建筑成为社会状态包括思想意识形态的历史见证。人类开始大规模建筑活动的时间应在公元前4000年以后开始的（《中国建筑艺术史》）。

一、西方古典建筑景观

在奴隶制社会时代，建筑文化发达的地区是埃及、西亚、波斯、希腊和罗马，建筑水平比较高，对后世的影响比较大。其中，希腊和罗马的建筑文化，两千多年来一直被继承下来，成为欧洲建筑学的渊源。希腊、罗马的文化称为古典文化，它们的建筑统称为古典建筑。

（一）埃及建筑

埃及是世界上较古老的文明古国之一，位于非洲东北部尼罗河的下游。由于尼罗河贯穿全境，土地肥沃，成为古代文化的摇篮。大约在公元前3000年左右，埃及建立了美尼斯王朝，成为统一的奴隶制帝国。古埃及的建筑史可分为三个时期，即古王国时期（前3200年～前2400年），主要建筑是著名的金字塔；中王国时期（前2400年～前1580年），以石窟陵墓为代表；新王国时期（前1580年～前1100年），是古埃及的鼎盛时期。适应专制统治的宗教以阿蒙神（太阳神）为主神，法老被视为阿蒙神的化身。神庙取代陵墓，成为这一时期最重要的建筑。

萨卡拉的昭赛尔金字塔　随着中央集权国家的巩固和强盛，越来越刻意制造对皇帝的崇拜，用永久性的材料——石头，建造了一个又一个的陵墓，最后形成了金字塔。第一座石头的金字塔是萨卡拉的昭赛尔金字塔，大约建造于公元前三千年，它的基底东西长126米，南北长106米，高约60米。它是台阶形的，分为6层。周围有庙宇，整个建筑群占地约547米×278米。但是，昭赛尔金字塔的祭祀厅堂、围墙和其他附属建筑物还没有摆脱传统的束缚，它们依然模拟用木材和芦苇造的宫殿，用石材刻出那种宫殿建筑的种种细节，不过，这做法也有一定的艺术效果，它们的纤细华丽把金字塔映衬得更端重、单纯，纪念性更强。

吉萨金字塔群　胡夫金字塔是其中最大者。形体呈立方锥形，四面正向方位。塔原高146.5米，现为137米，底边各长230.6米，占地5.3公顷，用230余万块平均约2.5吨的石块干砌而成。塔身斜度呈51°52′，表面原有一层磨光的石灰岩贴面，今已剥落，入口在北面离地17米高处，通过长甬道与上、中、下三墓室相连，处于皇后墓室与法老墓室之间的甬道高8.5米，宽2.1米，法老墓室有两条通向塔外的管道，室内摆放着盛有木乃伊的石棺，地下墓室可能是存放殉葬品之处。这座灰白色的人工大山，以蔚蓝天空为背景，屹立在一望无际的黄色沙漠上，是千百万奴隶在极其原始的条件下的劳动与智慧结晶。

卡纳克的阿蒙神庙（Great temple of ammon）　新王国时期，皇帝们经常把大量财富和奴隶送给神庙，祭司们成了最富有、最有势力的奴隶主贵族。神庙遍及全国，底比斯一带神庙络绎相望，其中规模最大的是卡纳克（karnak）和鲁克索（luxor）两处的阿蒙神庙。卡纳克的阿蒙神庙是在很长时间陆续建造起来的，总长336米，宽110米。前后一共造了六道大门，而以第一道为最高大，它高43.5米，宽113米。主神殿是一柱子林立的柱厅，宽103米，进深52米，面积达5000平方米，内有16列共134根高大的石柱。中间两排十二根柱高21米，直径3.6米，支撑着当中的平屋顶，两旁柱子较矮，高13米，直径2.7米。殿内石柱如林，仅以中部与两旁屋面高差形成的高侧窗采光，光线阴暗，形成了法老所需要的“王权神化”的神秘压抑的气氛。在卡纳克神庙的周围有孔斯神庙和其他小神庙，宗教仪式从卡纳克神庙开始，到鲁克索神庙结束。二者之间有一条一公里长的石板大道，两侧密排着圣羊像，路面夹杂着一些包着金箔或银箔的石板，闪闪发光。这些巨大的形象震撼人心，精神在物质的重量下感到压抑，而这些压抑之感正是崇拜的起始点，这也就是卡纳克阿蒙神庙艺术构思的基点。

埃及产生了人类历史上第一批各种类型的巨型建筑，有宫殿、府邸、神庙和陵墓。这些建筑物以巨大的石块为主要建筑材料，工程浩大，施工精细，产生了震撼人心的艺术力量。埃及人用庞大的规模、简洁稳定的几何形体、明确的对称轴线和纵深的空间布局来达到雄伟、庄严、神秘的效果。

（二）西亚和波斯建筑

在公元前4000年前后，被《圣经》称作圣地的西亚两河流域，产生过灿烂的文化，辉煌的历史。在建筑的发展上经历三个时期：①巴比伦时期；②亚述时期；③波斯时期。时间从公元前19世纪到前4世纪。两河流域因每年多雨水，洪水泛滥，所以西亚建筑物多置于大平台上。西亚人采用烧制砖和石板贴面做成墙裙，以后又发明了防水性好，色泽艳丽的琉璃，广泛用于建筑，分布地域极广，对拜占庭建筑和伊斯兰建筑影响很大。波斯的宫殿极其奢华，最为著名的是帕赛玻里斯宫。

帕赛玻里斯宫　波斯人曾创立横跨亚非欧的伟大帝国，他们信奉拜火教，露天设祭，没有庙宇。按部落特有观念，皇帝的权威不是由宗教建立的，而是由他所拥有的财富建立的，波斯皇帝的掠夺和聚敛不择手段，他们的宫殿，极其豪华壮丽，却没有宗教气氛。珀赛玻里斯宫（Palaus of Persepolis）是其中最著名的一所。公元前518～前460年，波斯王大流士和泽尔士所造的宫殿。建筑群倚山建于一高15米，面积460米×275米的大平台上。入口处是一壮观的石砌大台阶，宽6.7米，邻近两侧刻有23个城邦向波斯王朝贡的浮雕，前有门楼。中央为接待厅和百柱厅，东南面为宫殿和内宫，周围是绿化和凉亭等，布局整齐但无轴线关系。伊朗高原盛产硬质彩色石灰岩，再加上气候干燥炎热，所以建筑多为石梁柱结构，外有敞廊。

（三）古希腊建筑

在公元前8世纪，在巴尔干半岛、小亚细亚两岸和爱琴海的岛屿上建立了很多小的国家，以后又向意大利等地拓展，这些国家和地区之间的政治、经济、文化关系密切，总称为古代希腊。大约在公元前1200年，古代希腊开始了它的文明进程。从时间上看，它的古代历史可分为四个时期：（1）荷马时期（公元前1200年～前800年）；（2）古风时期（公元前800年～前600年）；（3）古典时期（公元前500年～前400年）；（4）希腊化时期（公元前400年～前100年）。

在古希腊早期文化上，还记载着爱琴海文化时期（公元前3000年～前2000年）。在克里特岛和迈西尼曾经有过人类文明，它的一些建筑技术、形制，为以后古希腊所继承。古希腊是欧洲文化的摇篮，同样也是西欧建筑的开拓者，并且深深地影响着欧洲2000多年的建筑史。希腊建筑是西洋建筑的先驱，它所创造的建筑艺术形式、建筑美学法则、城市建设等都堪称西欧建筑的典范，为西洋建筑体系的发展，奠定了良好的基础，以致对全世界的建筑发展都具有相当大的影响。古希腊建筑不以宏大雄伟取胜，而以端庄、典雅、匀称、秀美见长。雅典卫城是古希腊建筑文化的典型代表，其中的帕提农神庙则是西方建筑的不朽瑰宝。

雅典卫城 公元前5世纪中叶，在希波战争中，希腊人以高昂的英雄主义精神战败了波斯的侵略，作为全希腊的盟主，雅典进行了大规模的建设。建设的重点在卫城，在这种情况下，雅典卫城达到了古希腊圣地建筑群、庙宇、柱式和雕刻的最高水平。卫城借鉴了民间圣地建筑群自由活泼的布局方式，并在结合地形、体量布局上更向前发展了一步。首先，建筑物的选位是经过周密设计，反复推敲选定的，使卫城的各个主要建筑物处在空间的关键位置上，摒弃了传统的简单轴线关系，是结合地形布局的典范。这种布局考虑了从城下四周仰望形成最佳的美感，也考虑了置身卫城时环看四周产生的最佳视线。卫城建在一个陡峭的山冈上，仅西面有一通道盘旋而上，建筑物分布在山顶约280米×130米的天然平台上。卫城的中心是雅典城的保护神——雅典娜的铜像，主要建筑是帕提农神庙，建筑群布局自由，高低错落，主次分明。无论是身处其间或是从城下仰望，都可看到较完整的丰富的建筑艺术形象。帕提农神庙位于卫城最高点，体量最大，造型庄重，其他建筑则处于陪衬地位。卫城南坡是平民的群众活动中心，有露天剧场和敞廊。卫城在西方建筑史中被誉为建筑群体组合艺术中的一个极为成功的实例，特别是在巧妙地利用地形方面最为杰出。雅典卫城中还有伊瑞克提翁神庙（以著名的女像柱廊闻名于世）和胜利神庙。

（四）古罗马建筑

古罗马国力强盛，版图跨欧亚非三洲。其历史大致可分为三个时期：①伊特鲁里亚时期（公元前750年～前300年）；②罗马共和国时期（公元前510年～前30年）；③罗马帝国时期（公元前30年～公元475年）。

古罗马人沿袭亚平宁半岛上伊特鲁里亚人的建筑技术（主要是拱券技术），继承古希腊建筑成就，在建筑形制、技术和艺术方面广泛创新。古罗马建筑在1～3世纪为极盛时期，达到西方古代建筑的高峰。表现在：建筑类型多。有庙寺宗教建筑，如罗马万神庙、太阳神庙等。有皇宫，如古罗马皇宫。有剧院、角斗场、浴场，以及广场和巴西利卡（长方形会堂）等公共建筑。居住建筑有内庭式住宅、内庭式与围柱式院相结合的住宅，还有四、五层公寓式住宅。这类公寓常用标准单元，底层设商铺，楼上有阳台，与现代公寓大体相似。古罗马世俗建筑的形制相当成熟，与功能结合得很好。古罗马建筑艺术成就很高，大型建筑物风格雄浑凝重，构图和谐统一，形式多样。其重要性在于：（1）新创了拱券覆盖的内部空间。（2）发展了古希腊柱式的构图，使之更有适应性。（3）出现了各种弧线组成的平面、采用拱券结构的集中式建筑物，哈德良离宫是一成功的实例。初步建立了建筑科学理论，公元前1世纪，罗马建筑师维特鲁威所著《建筑十书》是流传下来的最早的著作。书中第一次提出了“坚固、实用、美观”的建筑三原则，为欧洲建筑学奠定了理论基础。同时希腊建筑在建筑技艺上的精益求精与古典柱式也强烈地影响着罗马。把古希腊柱式发展为五种：即多立克柱式、塔司干柱式、爱奥尼克柱式、科林斯柱式和组合柱式，并创造了券柱式。

万神庙 单一空间、集中式构图的建筑物的代表是罗马城的万神庙（Patheon），它也是罗马穹顶技术的最高代表。在现代结构出现以前，它一直是世界上跨度最大的大空间建筑。早期的万神庙也是前柱廊式的，但焚毁之后，重建时，采用了穹顶覆盖的集中式形制。新万神庙是圆形的，穹顶直径达43.3米。顶端高度也是43.3米。按照当时的观念，穹顶象征天宇。它的中央开一个直径 8.9 米的圆洞，象征着神和人的世界的联系，有一种宗教的宁谧气氛。结构为天然混凝土浇筑，为了减轻自重，厚墙上开有壁龛，龛上有暗券承重，龛内置放神像。神像外部造型简洁，内部空间在圆形洞口射入的光线映影之下雄伟壮观，并带有神秘感，室内装饰华丽，堪称古罗马建筑的珍品。

剧场和斗兽场　角斗场起源于共和末期，平面是长圆形的，相当于两个剧场的观众席，相对合一。它们专为野蛮的奴隶主和贵族看角斗而造。从功能、规模、技术和艺术风格各方面看，罗马城里的大角斗场是古罗马建筑的代表作之一。大角斗场长轴 188 米，短轴 156 米，中央的“表演区”长轴 86 米，短轴 54 米。观众席大约有 60 排座位，逐排升起，分为五区。前面一区是荣誉席，最后两区是下层群众的席位，中间是骑士等地位比较高的公民坐席。为了架起这一圈观众席，它的结构是真正的杰作。运用了混凝土的筒形拱与交叉拱，底层有石墩子，平行排列，每圈 30 个。底层平面上，结构面积只占六分之一，在当时是很大的成就。这座建筑物的结构、功能和形式三者和谐统一，成就很高。它的形制完善，在体育建筑中一直沿用至今，并没有原则上的变化。它雄辩地证明着古罗马建筑所达到的高度，古罗马人曾经用大角斗场象征永恒，它是当之无愧的。

公元 4 世纪下半叶起，古罗马建筑逐渐趋于衰落。15 世纪后经过文艺复兴、古典主义、古典复兴以及 19 世纪初期法国的“帝国风格”的提倡，古罗马建筑在欧洲重新成为学习的范例。这种现象一直持续到 20 世纪 20～30 年代。古罗马建筑的书籍和图画在明代末年开始传入中国，但当时对中国建筑没有发生实际影响。

（五）拜占庭建筑

由于受地理环境的影响，拜占庭帝国吸取了波斯、两河流域的文化成就，建筑在罗马遗产和东方文化基础上形成了独特的拜占庭体系。建筑的形式和种类十分丰富，有城墙、道路、宫殿、广场等。建筑物最大的特点就是穹窿顶的大量应用；在装饰艺术上十分精美，色彩斑斓。教堂越建越大，君士坦丁堡的圣索菲亚大教堂（公元 532 年～537 年）为拜占庭建筑最光辉的代表。

这座大教堂平面近正方形，东西长 77 米，南北长 71.7 米，入口处是用环廊围起的院子，院中心是施洗的水池，通过院子再通过两道门廊，才进入教堂中心大厅。拜占庭建筑的光辉成就在这座教堂中可以完美的体现出来：①穹顶结构体系完整，教堂中心为正方形，每边边长 32.6 米，四角为四个大圆柱及四个柱墩，柱墩的横断面积为 7.6 米×18 米，中央为 32.6 米直径的大穹顶，穹顶通过帆拱架在四个柱墩上，中央穹顶的侧推力在东西两面由半个穹顶扣在大券上抵挡，它们的侧推力又各由斜角上两个更小的半穹顶和东西两端的各两个柱墩抵挡，使中央大厅形成一个椭圆形，这种力的传递，结构关系明确，十分合理，中央大通廊长 48 米，宽 32.6 米，通廊大厅的一端有一半圆龛，通廊大厅两侧为侧通廊，两层高，宽约 15 米。②集中统一的空间。教堂中大穹顶总高度 54 米，穹顶直径虽比罗马万神庙小 10 米，但索菲亚大教堂的内部空间给人的感觉，要比万神庙大。这是因为拜占庭的建筑师巧妙地运用了两端的半圆穹顶，以及两侧的通廊，这样便可以大大地扩大了空间，形成了一个十字形的平面，而万神庙只局限于单一封闭的空间。另外，在穹顶上有 40 个肋，每两个肋之间都有窗子，它们是照亮内部的惟一光源，也使穹顶宛如不借依托，飘浮在空中，从而也起到了扩大空间的艺术效果。③内部装饰艺术同样具有拜占庭建筑的最高成就。彩色马赛克铺砌图案地面；柱墩和墙面用白、绿、黑、红等彩色大理石贴面。柱身是深绿色的，柱头是白色的。穹顶和拱顶全用玻璃马赛克饰面，底子为金色和蓝色，从而构成了一幅五彩缤纷的美丽画面，使人们仿佛来到了一个可爱的百花盛开的草地。

（六）罗马风建筑（Romanesque）

属西欧封建社会初期（9 世纪～12 世纪）的建筑。由于社会秩序比较稳定，各国具有民族特色的文化随之发展。建筑除了教堂外，还有城堡、修道院等，人们为了寻找罗马文化的渊源，并感觉罗马文化和艺术，当时许多的西欧建筑尤其是教堂，都做成了古罗马的形式，如运用圆形的拱顶和带有柱式的长廊。经过长期的摸索、实践，形成了自己风格的建筑，即“罗马风建筑”。罗马风建筑多用重叠的连续发券，群集的塔楼，突出的翼殿，正门上方常设一个车轮式圆窗，当然不同地区也有差别。代表建筑：意大利的比萨大教堂，德国的圣来伽修道院、沃尔姆斯大教堂。

意大利比萨大教堂　它的钟塔和洗礼堂，是意大利中世纪最重要的建筑群之一。它是为纪念 1062 年打败阿拉伯人，攻占巴勒摩而造的。主教堂是拉丁十字式的，全长 95 米，有四排柱子。中厅用木桁架，侧廊用十字拱。正面高约 32 米，有四层空券廊作装饰，形体和光影都有丰富的变化。位于东侧的钟楼就是斜塔，它是教堂的配套建筑，远比雄伟壮丽的主教堂、洗礼堂荣耀、有名得多。这座钟楼，白色大理石建造，呈圆柱形，高八层，55 米，塔基直径 19.6 米，重约 14500 吨。于 1173 年动工以来，就几经挫折，引起世人关注。当建至第三层时，由于地基下沉，塔身向南倾斜，因而，建建停停，停停建建，直到 1350 年终于建成。可是，始终未能遏制塔身倾斜的趋势，每年以一定的速度倾斜，到了 1990 年，顶部偏离垂直中心线达 4.5 米，斜塔摇摇欲坠，也只好停止向游人开放。从 1991 年起，国际拯救比萨斜塔委员会开始修复和抢救工作。比萨斜塔如此名声远扬，引人入胜，不只是严重倾斜而不倒塌，还有伟大科学家的身影。16 世纪 90 年代，著名的物理学家、天文学家伽利略来到斜塔做过“自由落体观察和试验”，从塔上抛下两个不同重量的铁球，否定了亚里士多德关于“物体下落速度与重量成正比”的结论，确定了自由落体定律，因而使比萨斜塔更有影响。经过近 11 年的努力，调整塔的重心，其斜度将恢复到 18 世纪的状态。这是建筑史上的一大奇迹。

（七）哥特式建筑（Gothic）

12 世纪以后，随着宗教的发展，一些大教堂也越修越大，愈来愈高耸。特别是在 12 世纪到 15 世纪，以法国为中心的宗教建筑，在罗马风建筑的基础上，又进一步发展，创造了一种以高、直为主要特点的建筑，称之为哥特式建筑。这种建筑创造性的结构体系以及艺术形象，成为中世纪西欧最大的建筑体系。

代表建筑：法国的巴黎圣母院、法国的科隆大教堂、英国的索尔兹伯里大教堂、意大利米兰大教堂。

米兰大教堂　建于 1386 年，是欧洲中世纪最大的教堂，内部大厅高 45 米，宽 59 米，可容纳 4 万人。外部讲究华丽，上部有 135 个尖塔，像森林般冲上天空，下部有 2245 个装饰雕像，艺术性极强。

巴黎圣母院　建于 1163～1250 年，法兰西早期哥特建筑的典型实例，位于巴黎城中。入口西向，前面广场是市民的市集与节日活动中心。教堂平面宽约 47 米，深约 125 米，可容近万人。东端有半圆形通廊。中厅很高，是侧廊（高 9 余米）的三倍半。结构用柱墩承重，使柱墩之间可以全部开窗，并有尖券、飞扶壁等。正面是一对高60余米的塔楼，粗壮的墩子把立面纵分为三段，两条水平向的雕饰又把三段联系起来。正中的玫瑰窗（直径13米）西侧的尖券形窗，到处可见的垂直线条与小尖塔装饰都是哥特建筑的特色。特别是当中高达90米的尖塔与前面的那对塔楼，使远近市民在狭窄的城市街道上举目可见。马克思在谈到天主教堂时说："巨大的形象震撼人心，使人吃惊。……这些庞然大物以宛若天然生成的体量物质影响人的精神。精神在物质的重量下感到压抑，而压抑之感正是崇拜的起点。"

（八）意大利文艺复兴建筑

文艺复兴运动：城市经济的发展，带动了建筑业的发展，推动了建筑理论的活跃和发展，进而又促进了建筑的发展。文艺复兴（Renaissance）、巴洛克（Baroque）和古典主义（Classicism）是15世纪到19世纪先后流行于欧洲各国的建筑风格，其中文艺复兴和巴洛克出现在意大利，古典主义是在法国，三者并称文艺复兴时期的建筑。文艺复兴运动对建筑的影响始于佛罗伦萨圣玛利亚主教堂的穹顶。建筑为了追求稳定感，一改哥特式教堂建筑垂直向上的束柱、小尖塔等又高又尖的形式，而采用古穹窿顶和旋廊。在建筑轮廓上，文艺复兴建筑讲究整齐、平稳和统一。文艺复兴的建筑风格除了表现在宗教建筑上，还体现在大量的世俗建筑中。贵族的别墅、福利院、图书馆、广场建筑等等，都反映出资本主义萌芽时期的社会面貌。著名的威尼斯圣马可广场为当时世界建筑史上最优秀的广场之一，它是集宗教、文化、行政、商业、旅游于一体的综合性广场。

佛罗伦萨主教堂的穹顶　标志着意大利文艺复兴建筑史开始的，是佛罗伦萨主教堂的穹顶，主教堂是13世纪末行会从贵族手中夺取了政权后，作为共和政体的纪念碑而建造的。八边形的歌坛，对边宽度是42.2米，预计要用穹顶覆盖。这在当时，技术上十分困难，不仅跨度大，而且墙高超过了50米，连脚手架的模架都是很艰巨的工程。其设计师伯鲁乃列斯基，出身于行会工匠，精通机械、铸工，是杰出的雕刻家和工艺家，在透视学和数学方面都有建树，是文艺复兴时代所特有的那种多才多艺的巨人。为了突出穹顶，砌了12米高的一段鼓座，连同采光亭在内，总高107米，成了整个城市轮廓线的中心，即便在今天，这个高度也是一幢超高层的建筑，足以成为一个城市的标志性建筑物。在当时，这是建筑历史上的一次大幅度的进步，标志着文艺复兴时期创造者的英风豪气。佛罗伦萨主教堂的穹顶被认为是意大利文艺复兴建筑的第一个作品。

（九）巴洛克建筑（Baroque）

作为一种建筑风格，巴洛克源于17世纪的意大利，后来在音乐、绘画、建筑、雕塑和文学上影响到整个西方。初时此称谓含有贬义，意为虚伪、矫饰的风格。随着文艺复兴建筑的逐渐衰退，巴洛克建筑逐渐兴起。

巴洛克式的建筑讲求视觉效果，为建筑设计手法的多样性开辟了新的领域。建筑形象及风格追求新颖奇特，善用矫饰的造型来产生特殊的效果。富丽堂皇、鲜艳的内部与外部风格相统一，也与封建贵族追求标新立异、炫耀财富的心理相吻合。从建筑艺术上来看，巴洛克建筑以创新独特的风格，极大地丰富了人类文化财富。

代表建筑：罗马耶稣会教堂，为第一座巴洛克建筑。罗马·保拉广场，独具自由奔放的建筑风格，欧洲各国竞相仿效。其他还有：法国的十四圣德朝圣教堂、西班牙圣地亚哥教堂。

（十）法国古典主义建筑

采用严谨的古代希腊、罗马形式的建筑，又称新古典主义建筑，18世纪下半叶到19世纪流行于欧美一些国家。主要体现在国会、法院、银行、交易所、博物馆、剧院等公共建筑和一些纪念性建筑。法国在当时是欧洲资产阶级革命的中心，也是古典主义建筑活动的中心。古典主义建筑强调外形的端庄和雄伟，内部装饰豪华奢侈。代表建筑：法国的万神庙、枫丹白露宫、卢浮宫、凡尔赛宫、凯旋门等；英国不列颠博物馆；美国的国会大厦。

法国绝对君权最重要的纪念碑是凡尔赛宫（Verssaues），它不仅是君主的宫殿，而且是国家的中心。是当时欧洲最大的王宫，位于巴黎西南凡尔赛城。凡尔赛宫原为法王的猎庄，1661年路易十四进行扩建，到路易十五时期才完成，王宫包括宫殿、花园与放射形大道三部分。宫殿南北总长约400米，中央部分供国王与王后起居与工作，南翼为王子、亲王与王妃之用，北翼为王权办公处，并有教堂、剧院等等。建筑风格属古典主义。立面为纵、横三段处理，上面点缀有许多装饰与雕像，内部装修极尽奢侈豪华之能事。居中的国王接待厅，即著名的镜廊，长73米，宽10米，上面的角形拱顶高13米，是富有创造性的大厅。厅内侧墙上镶有17面大镜子，与对面的法国式落地窗和从窗户引入的花园景色相映成辉。宫前大花园自1667年起由勒诺特设计建造，面积6.7平方公里，纵轴长3公里。园内道路、树木、水池、亭台、花圃、喷泉等均呈几何形，有它的主轴、次轴、对景等等，并点缀有各色雕像，成为法国古典园林的杰出代表。三条放射形大道事实上只有一条是通巴黎的，但在观感上使凡尔赛宫有如是整个巴黎，甚至是整个法国的集中点。凡尔赛宫反映了当时法王意欲以此来象征法国的中央集权与绝对君权的意图。而它们的宏大气派在一段时期中很为欧洲王公所羡慕并争相模仿。

二、中国古代建筑景观

中国古代建筑景观，在世界建筑艺术中独具一格，自成体系，与西方建筑的形制和风格迥然不同，表现出鲜明的东方建筑特点。中国古代文化的发源地在黄河中下游一带，盛产的木材成为构筑房屋的主要材料，这样以木构柱梁为承重骨架，以其他材料作围护物的木构架建筑体系，就逐渐发展起来并成为中国建筑的主流，从而形成了中国古代建筑以木结构为主的基本特征。

中国古代的木结构建筑，有一个显著特征，即“墙倒屋不塌”。这种框架结构使用榫卯技术，把梁、柱和其他木构件科学地组合成一体，具有极好的整体性和柔韧性，能承受地震、大风等强大水平外力的冲击。中国古代木结构主要有三种形式：叠梁式（又称抬梁式）、穿斗式和井干式。叠梁式的构造为屋基上立柱，柱上架梁，梁上放短柱，短柱上再置梁，各梁两端承檩，由此组成了层层向上的框架。这种形式应用很广，常见于官式建筑和北方民居。优点是屋内少柱或无柱，可获得较大空间。穿斗式又称立贴式，是以穿枋连接自前后向中间逐步升高的柱子，构成排架，其上直接承檩。这种形式用材少，山面抗风性好，施工便捷，在南方民居中使用较多。井干式结构使用圆木或方形材料，组合成矩形木框，层层相叠作为墙壁。这种构架多见于森林地区。实际上是木承重结构墙。我国云南等地仍有这类建筑。这种骨架式的构造使人们可以完全不受约束地筑墙和开窗。从热带的印支半岛到亚热带的东北三省，人们只需简单地调整一个墙壁和门窗间的比例就可以在各种不同的气候下使其房屋都舒适合用。正是由于这种高度的灵活性和适应性，使这种构造方法能够适用于任何华夏文明所及之处，使其居住者能有效地躲避风雨，而不论那时的气候有多少差异。在西方建筑中，除了英国伊丽莎白女王时代的露明木骨架建筑这一有限的例外，直到20世纪发明钢筋混凝土和钢框架结构之前，可能还没有与此相似的做法。中国古代建筑中，有一种奇特的构件，这就是“斗拱”。斗拱是木构架建筑中的重要构件，由方形的斗、矩形的拱组成，位于柱顶、额枋、梁枋与屋顶之间。斗拱一是承重，二是起装饰作用，有外檐斗拱与内檐斗拱之分。使用斗拱的木结构，是“中国建筑真髓所在”（梁思成《清式营造则例》）。

中国古代建筑在平面布局上，多为均衡对称式，以纵轴线为主，横轴线为辅，形成整齐而又灵活多样的建筑形态。以木构架结构为主的中国建筑体系，在平面布局方面具有简明的组合规律。这就是以“间”为单位建筑，再以单座建筑组成庭院，进而以庭院为单元，组成各种形式的建筑群体。单座建筑一般均含有数间，通常为奇数，最多的可达十一间。庭院的布局形式以四合院最为典型。四合院是一个封闭性较强的建筑空间，适合中国古代的宗法和礼教制度，使用中可灵活多变，适应性很强。因此，宫殿、衙署、祠庙、寺观、住宅等建筑普遍采用此种平面布局。

中国的古代建筑，最引人注目的外形是外檐伸出的曲面屋顶。常见的形式有庑殿、歇山、重檐、卷棚、硬山、悬山、攒尖、盝顶、单坡、平坡等（图3-2）。各种屋顶具有出檐深远、翼角飞翘、轻巧活泼的动人形象。中国古代建筑十分重视色彩，建筑师根据不同需要和风俗习惯而选择，同时重视雕塑与装饰，突出建筑的富丽堂皇和艺术品位。早在公元前一千多年前的殷周时期，就已经开始在建筑物内外涂色绘画了，秦汉时期得到了很大的发展，唐宋时期已形成一定的制度和规格，宋《营造法式》上有很详细的规定，明清时期更加程式化并作为建筑等级划分的一种标志。建筑彩画有实用和美化两方面的作用。

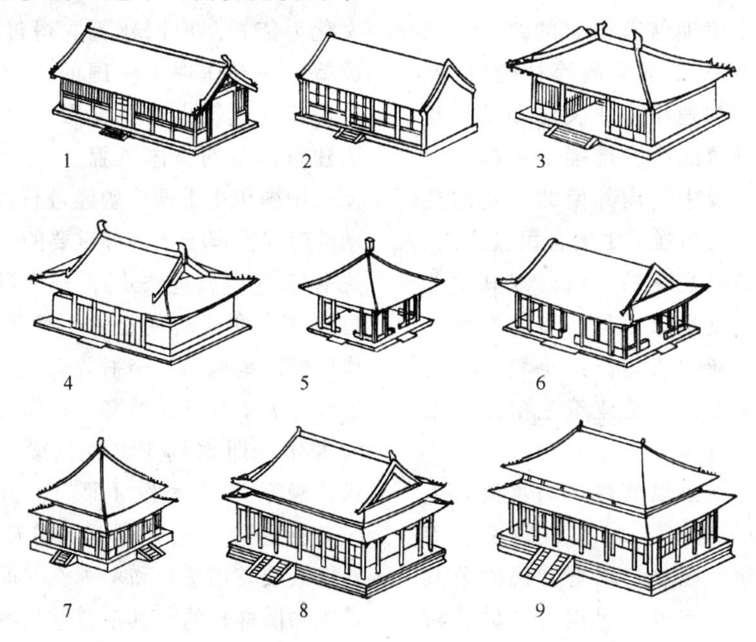

图3-2　屋顶的五种类型

1—悬山；2—硬山；3—庑殿；4、6—歇山；5—攒尖；7、8、9—分别为5和4及3的重檐式

中国建筑是世界上惟一以木结构为主的建筑体系。基于深厚的文化传统，中国建筑艺术的主要特点是：

(1) 以宫殿和都城规划的成就最高，凸现出皇权至上思想和严格的等级观念。

(2) 注重群体组合的美，或取中轴对称院落式布局，或为自由式，以前者为主。

(3) 注重与自然的高度和谐统一，尊重自然，使建筑融入自然之中。

(4) 追求中和、平易、含蓄而深沉的美。体现出中国传统的伦理观、审美观、价值观和自然观。

在漫长的发展过程中，中国建筑始终完整保留了体系的基本性格。从其全部历史可以分出几个大的段落，如商周到秦汉，是萌芽与成长阶段，秦和西汉是发展的第一次高潮；历魏晋经隋唐而宋，是成熟与高峰阶段，唐宋的成就更为辉煌，是第二次高潮，可以认为是中国建筑的高峰；元至明清是充实与总结阶段，明至清以前是发展的第三次高潮。可以看出，每一次高潮的出现，都相应地伴有国家的统一、长期的安定和文化的急剧交流等社会背景。例如秦汉的统一加速了中原文化和楚、越文化的交流，隋唐的统一增强了中国与亚洲其他国家，以及中国内部南北文化的交流，明清的统一又加强了中国各民族之间、并开始了中西建筑文化的交流。与其他艺术例如诗歌常于乱世而更见其盛的情况不同，可以认为，统一安定、经济繁荣、国力强大和文化交流，正是建筑艺术得以发展的内在契机。

中国传统建筑以汉族建筑为主流，主要包括如城市、宫殿、坛庙、陵墓、寺观、佛塔、石窟、园林、衙署、民间公共建筑、景观楼阁、王府、民居、长城、桥梁大致十五种类型，以及如牌坊、碑碣、华表等建筑小品。它们除了有前述基本共通的发展历程以外，又有时代、地域和类型风格的不同。由此可见，建筑艺术的本质，不仅是显现出某种美的形式，它的精神文化的意义也更强烈、更深刻。如果说重在“悦目”的美观之美只是一种浅层的愉悦，而重在“赏心”的艺术之美，则更是追求一种意境。所以罗丹才说：“整个法国就包含在我们的大教堂中，如同整个的希腊包含在一个帕提农神庙中一样。”西方当代艺术史家简森也说：“当我们想起过去伟大的文明时，我们有一种习惯就是用看得见、有纪念性的建筑作为每个文明独特的象征。”雨果定义建筑是人类思想的纪念碑：“人民的思想就像宗教的一切法则一样，也有它们自己的纪念碑。人类没有任何一种重要的思想，不被建筑艺术写在石头上。”他还说建筑是“石头的史书”。如果我们把“思想”二字，改成为既包含精神文明又包含物质文明的“文化”，即“建筑是人类文化的纪念碑”，或许会表述得更加完整。以博大精深的中国文化为依托，中国建筑取得过独特的伟大成就，深刻体现了中国的文化。中国各少数民族的建筑也独具异彩，大大丰富了中国建筑体系的整体风貌。

中国历史上两个曾经进行过重大建筑活动的时代，留下了两部重要的“中国建筑文法书”：①《营造法式》，是宋徽宗（1101～1125年）在位时朝廷中主管营造事务的将作监李诫编撰的。全书共三十四卷，其中十三卷是关于基础、城寨、石作及雕饰，以及大木作（即木构架、柱、梁、枋、额、斗栱、椽等）、小木作（即门、窗、槅扇、屏风、佛龛等）、砖瓦作（即砖瓦及瓦饰的官式等级及其用法）和彩画作（即彩画的官式等级和图样）的；其余各卷是各类术语的释义及估算各种工、料的数据。全书最后四卷是各类木作、石作和彩画的图样（图3-3）。

图 3-3　宋《营造法式》大木作示意图（殿堂）

1—飞子；2—檐椽；3—撩檐枋；4—斗；5—栱；6—华栱；7—下昂；8—栌斗；9—罗汉枋；10—柱头枋；11—遮椽版；12—栱眼壁；13—阑额；14—由额；15—檐柱；16—内柱；17—柱櫍；18—柱础；19—牛脊槫；20—压槽枋；21—平槫；22—脊槫；23—替木；24—襻间；25—驼峰；26—蜀柱；27—平梁；28—四椽栿；29—六椽栿；30—八椽栿；31—十椽栿；32—托脚；33—乳栿（明栿月梁）；34—四椽明栿（明梁）；35—平綦枋；36—平綦；37—殿阁照壁板；38—障日版（牙头护缝造）；39—门阑；40—四斜毬文格子门；41—地栿；42—副阶檐柱；43—副阶乳栿（明栿月梁）；44—副阶乳栿（草栿斜栿）；45—峻脚椽；46—望板；47—须弥座；48—叉手

②《工程做法则例》，是1734年（清雍正十二年），由工部刊行的。前二十七卷是二十七种不同建筑如大殿、城楼、住宅、仓库、凉亭等等的筑造规则。每种建筑物的每个构件都有规定的尺寸。这一点与《营造法式》不同，后者只有供设计和计算时用的一般规则和比例。次十三卷是各式斗拱的尺寸和安装法，还有七卷阐述了门、窗、槅扇、屏风以及砖作、石作和土作的做法。最后二十四卷是用料和用工的估算。

中国建筑艺术曾对日本、朝鲜、越南和蒙古等国发生过重大影响。

第二节 建筑景观之宫殿陵寝

一、宫殿

宫殿是古代帝王理政和居住的场所，往往是都城的中心或主体。宫殿是人类文明发展的最重要的标志之一。根据目前文明史学界形成的共识，某一个民族在其文化发展的过程中是否已经进入文明的阶段，衡量的标准共有三条，即是否出现了文字、宫殿与青铜器，而且这三条标准必须同时达到，缺一不可。按照上述标准去衡量，中国的宫殿与其文明一起，至迟在4000年前已经出现。当然，最初的宫殿规模较小，建筑也比较简陋。从考古发掘的资料来看，中国商代时期的宫殿已具有较大的规模和较高的建筑技术。如河南偃师二里头的商代早期宫殿遗址——西亳宫殿遗址，南北约100米，夯土台高0.8米，东西约108米，上有八开间、进深三间的殿堂一座，面积约350平方米；柱列整齐，前后左右相互对应；周围还有回廊环绕。这座建筑遗址，是中国至今发现的最早的、规模较大的木架夯土建筑和封闭式庭院的实例。

河南安阳小屯村，是商代晚期的王城所在。从已探明的数十处宫殿遗址可知，商代的宫室是陆续建造的，并且用单体建筑，沿子午线大体一致的纵轴线排列，有主有从地组合成较大的建筑群。以后中国古代宫殿建筑常用的前殿后寝和纵深对称式布局手法，在此时已初见端倪。

从陕西岐山、扶风一带发现的西周宫殿遗址看，当时的宫殿除对称布局外，已是一座相当严整的四合院式建筑，它由二进院落组成，中轴线上依次为影壁、大门、前堂、后室。前堂与后室间用廊子连接。前堂、后室的两侧是通长的厢房，将庭院围成一个封闭空间。院落四周有檐廊环绕；屋顶已采用了瓦和半瓦当。墙体采用版筑形式，是目前所知有壁柱加固的版筑墙的最早实例。

春秋战国时期，宫殿建筑崇尚高台榭的形式，即在高大的夯土台上分层建造木构房屋。这种土木结合的建筑，外观宏伟，位置高敞，适宜宫殿建筑追求崇高、威严的目的。对后世影响颇深。这时期筑城活动十分频繁，技术已十分完善，宫殿建筑装饰也是极其豪华。

秦汉时代是中国宫殿建筑发展的第一次高潮。秦咸阳的阿房宫，汉长安的“汉三宫”（即长乐宫、未央宫、建章宫），无论从规模和气势各方面，都大大超过了夏、商、周三代。阿房宫的规模之大，据《史记》所载：“东西五百步，南北五百丈。上可以坐万人，下可以建五丈旗。周驰为阁道，自殿下直抵南山，表南山之巅以为阙。为复道，自阿房渡渭，属之咸阳，以象天极阁道绝汉抵营室也。”整座宫室在建筑设计中逶迤三百余里，离宫别馆，弥山跨谷，威仪万千，气势磅礴，表现了秦帝国不可一世的气魄。汉代长安城的未央宫和长乐宫始建于刘邦与项羽相争的楚汉战争年代。两宫气宇轩昂，雄伟壮观。萧何认为：“且夫天子以四海为家，非壮丽无以重威，”意思是：只有建造壮丽的宫殿才能在天下未定之时显示天子的无上权力，以威慑天下。这几乎成了2000多年来历代王朝修建豪华壮丽的宫殿时所遵循的指导思想：宫殿除了供皇室居住、工作和游乐之外，更重要的目的是为了显示皇权至高无上的政治权威，正如古代埃及法老在神权不朽思想指导下修建了金字塔一样。

［名宫·名文］ 唐 杜牧《阿房宫赋》

六王毕，四海一，蜀山兀，阿房出。覆压三百余里，隔离天日。骊山北构而西折，直走咸阳。二川溶溶，流入宫墙。五步一楼，十步一阁；廊腰缦回，檐牙高琢；各抱地势，钩心斗角。盘盘焉，囷囷焉，蜂房水涡，矗不知其几千万落。长桥卧波，未云何龙？复道行空，不霁何虹？高低冥迷，不知西东。歌台暖响，春光融融；舞殿冷袖，风雨凄凄。一日之内，一宫之间，而气候不齐。

妃嫔媵嫱，王子皇孙，辞楼下殿，辇来于秦。朝歌夜弦，为秦宫人。明星荧荧，开妆镜也；绿云扰扰，梳晓鬟也；渭流涨腻，弃脂水也；烟斜雾横，焚椒兰也。雷霆乍惊，宫车过也；辘辘远听，杳不知其所之也。一肌一容，尽态极妍，缦立远视，而望幸焉；有不得见者三十六年。燕赵之收藏，韩魏之经营，齐楚之精英，几世几年，剽掠其人，倚叠如山；一旦不能有，输来其间，鼎铛玉石，金块珠砾，弃掷逦迤，秦人视之，亦不甚惜。

嗟乎，一人之心，千万人之心也。秦爱纷奢，人亦念其家。奈何取之尽锱铢，用之如泥沙？使负栋之柱，多于南亩之农夫；架梁之椽，多于机上之工女；钉头磷磷，多于在庾之粟粒；瓦缝参差，多于周身之帛缕；直栏横槛，多于九土之城郭；管弦呕哑，多于市人之言语。使天下之人，不敢言而敢怒。独夫之心，日益骄固。戍卒叫，函谷举，楚人一炬，可怜焦土！

呜呼！灭六国者六国也，非秦也。族秦者秦也，非天下也。嗟夫！使六国各爱其人，则足以拒秦；使秦复爱六国之人，则递三世可至万世而为君，谁得而族灭也？秦人不暇自哀，而后人哀之；后人哀之而不鉴之，亦使后人而复哀后人也。

注：阿房宫依山势而建，规模宏伟。在平衡、对称中错落有致，勾连回环，呈万千气象。

隋唐时，宫殿的布局改用“三朝五门”的周制。所谓三朝，即外朝——承天门；中朝——太极殿；内朝——两仪殿。五门，即承天门、太极门、朱明门、两仪门、甘露门。帝王的政务区和生活区已有明显的分隔。唐代的宫殿较少使用琉璃瓦，高级殿堂亦以青掍瓦为主。墙面、构架用色以赤、白为主，沿袭了魏晋以来的风格。唐代建筑风格明朗健壮，很少繁缛装饰。

唐代的长安城 太极宫威严庄重，变化莫测于长安城南北中轴线的最北端，南面正对朱雀大街。宫中共有16座大殿，是唐太宗李世民政治活动和生活的中心，他在这里开创了著名的“贞观之治”。“唐三宫”之一的大明宫位于长安城东北角，原是唐太宗为其父李渊建造的一处夏宫（图3-4），后经不断扩建，成为三大宫殿群中最雄伟壮丽的一组，也是唐高宗以后的政治活动中心，“九天阊阖开宫殿。”大明宫的正殿含元殿巍然屹立在高高隆起的龙首原上，居高临下，气势雄伟。麟德殿则是宫内宴会、藩臣来朝、宰臣奏事以及开设道场之处，它的前、中、后三大殿相互连接，其规模与气魄之大，不亚于北京故宫的“前三殿”。

兴庆宫位于长安城东侧，占地2000亩，是北京故宫的两倍。宫内到处是豪华的殿、楼、亭、榭；遍植牡丹与其他花卉；宫区西南的龙池，面积达1.83万平方米，水面碧波荡漾，岸边林木葱茏，风景优美。这是一座殿宇和园林完美结合的大型宫廷。兴庆宫的主人是多才多艺、风流倜傥的唐玄宗。绝代佳人杨玉环，放荡诗仙李太白，豪宕不羁的画圣吴道子，都曾在这豪华绮丽的兴庆宫中留下了千古传颂的风流韵事。

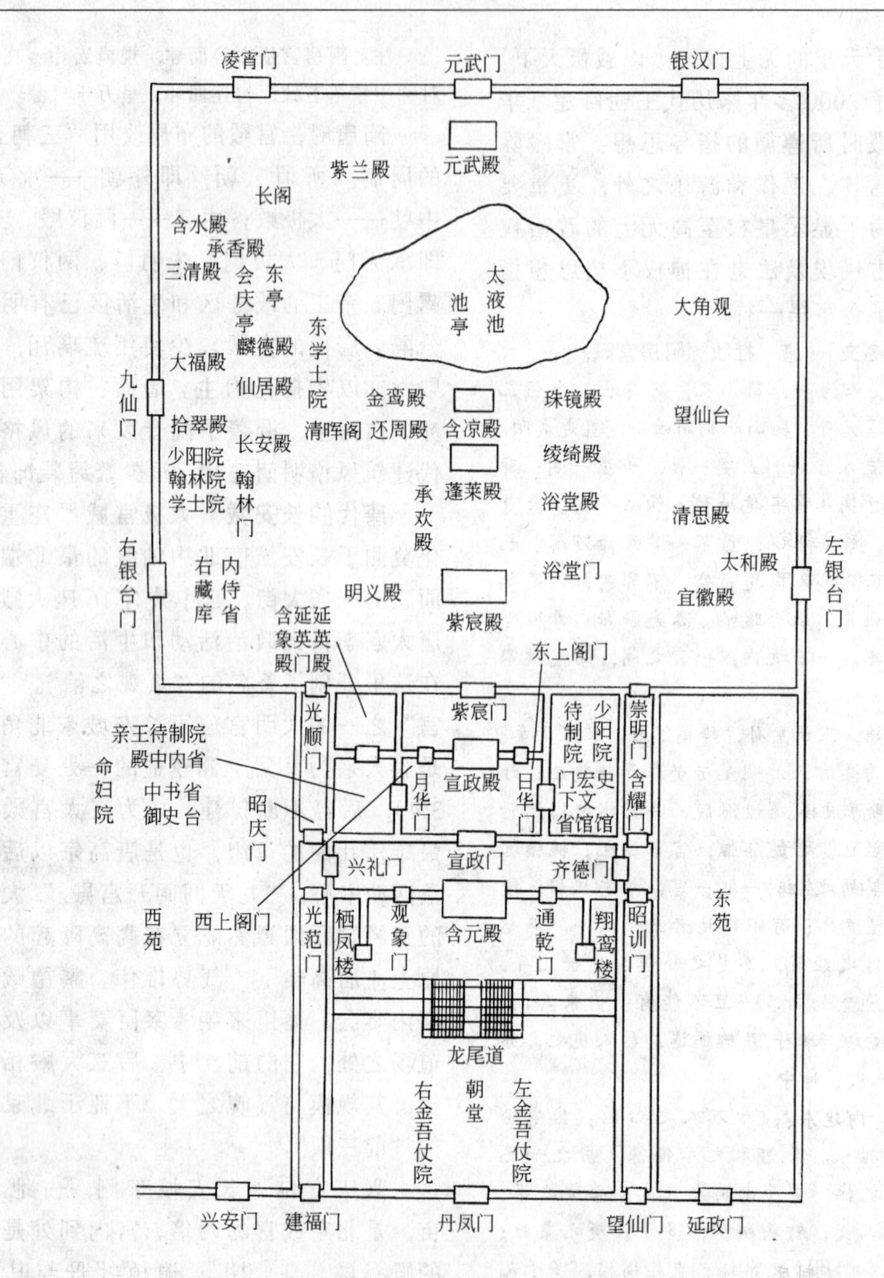

图 3-4 大明宫图（转引自《中国建筑艺术史》）

西安城墙 是我国目前惟一保存最完整的大型古城垣。它是在唐代长安城皇城基础上于明洪武三年至十一年（公元1370～1378年）修建的。城周长11.9公里，高12米，平均厚度16.5米，城内面积约12平方公里。四面辟门，每门外设箭楼，内建城楼，两楼之间建“瓮城”。城楼高33米，面宽7间，广40米，歇山式屋顶，重檐回廊，气势雄伟。箭楼为单檐建筑，内分4层，外向开48窗，以利射击。护城河宽20米左右，深约10米。目前西安市已基本上建成了可供环城浏览的城堡式环城公园。

宋代的宫殿建筑，在唐的基础上，又创造出御街千步廊制度。以后元、明、清三代宫殿设置的千步廊金水桥，即是受宋制影响。

元代的宫殿继承了宋金传统，但又保持了游牧民族和喇嘛教建筑的某些特色。如大量使用多种色彩的琉璃，喜用金红色装饰；墙壁挂毡毯毛皮和丝质帷幕等。

［名宫］ 北京故宫

北京故宫是我国古代宫殿建筑艺术的顶峰。故宫又称紫禁城，是明清两代的皇宫。古代用星座“紫微垣”来比喻帝王的宫殿；帝王居住的地方在秦汉时代又称为“禁中”，意即门户有禁，不准他人随便进入。所以，旧称宫城为“紫禁城”。1925年10月10日成立故宫博物院，从此这座世界上最大的、保存最完整的皇宫成了历史博物馆。

故宫位于北京城中心，前通天安门，后倚景山。宫城始建于明永乐四年至十八年（公元1406～1420年），后经多次重修和改建，但仍保持着原来的规模。故宫由大小数十座院落组成，房屋9990多间。建筑面积约15万平方米，占地72公顷。周围有高十多米的城墙和宽五十多米的护城河。四隅有角楼。南面正中为午门。故宫的建筑充分体现了“天子至尊”、“皇权至上”的封建礼制，严格按“左祖右社”、“前朝后寝”、“三朝五门”、“前宫后苑”的古制布局。主要建筑分为前朝与内廷两大部分。前朝以太和、中和、保和三大殿为主体，建于三层汉白玉台基上，是封建帝王行使权力、举行隆重典礼的地方；内廷以乾清宫、交泰殿、坤宁宫为主体，是帝王办事和居住的地方；内廷东、西两侧的六宫为嫔妃的住处。此外尚有养心殿、御花园。

在漫长的封建社会中，宫廷建筑必然会受到社会的政治制度和意识形态的影响。封建集权的政治和严格的等级制度，对天地日月、神明祖宗的膜拜，对阴阳五行和诸子百家的信仰都会直接或间接地影响着建筑的内容与形式。尤其是作为典型宫廷建筑的紫禁城，其建筑的文化内涵，几乎是上述指导思想的最完整的体现。从整体规划的指导思想来看，代表封建皇权的主要建筑都集中在紫禁城的中轴线上；主要的建筑即太和殿、中和殿、保和殿这前朝三大殿又处于整个皇城和宫城的中心位置。就北京这座皇城来看，南起永定门，沿子午线向北依次经过前门、天安门、故宫、景山到地安门和鼓楼，中轴对称的总体布局一目了然。

从皇城大门天安门进去，经过一个狭长的空间到达端门；又经过一个较大的广场到达紫禁城的大门午门。广场正北便是三大殿的入口太和门。太和门面阔七间，建在一层石台基上。这些殿门和广场在体量和形式上都有变化，广场由狭长到宽广，由小到大；殿门则大小相间，其目的都是为了烘托出三大殿的中心和主导地位。前朝三大殿是紫禁城内级别和规格最高的建筑群，根据中国古代“高台榭，美宫室”的指导思想，故将三大殿建筑在高8.17米的三层汉白玉台基上。红墙黄瓦，雕梁画栋，极富民族特色。

太和殿俗称金銮殿，是封建国家举行重大典礼的地方。每逢皇帝登基、作寿、举行婚礼、出兵征讨以及新年、中秋等重大活动或节庆，皇帝都要在此接受朝贺，发布命令。所以，太和殿成了封建国家的象征。因此，太和殿无论在体量、形制、装饰以及陈设方面都是首屈一指的。大殿面阔11间，进深5间，从地面到屋脊高达35米，是现存古宫殿中最高的，总面积2377平方米。屋顶是最高等级的重檐庑殿式。屋顶正脊的两端各有高达3米的大吻。大吻形似龙头，张嘴含着正脊，龙尾向上翘起。4条屋脊的前端各有一串小型的走兽装饰。大殿中央有6根金龙盘绕的金柱。殿顶为蟠龙“藻井”装饰，即在顶棚的中央部分向上升起一个文武的井口，井口逐层向中心收缩，由四方形变成为八角形，最上面有一条盘龙作装饰，龙头向下，口衔一个球形镜体。金柱正面放着屏风、宝座和御椅。如果说太和殿是整座紫禁城的中心的话，那么，这个宝座可以说就是紫禁城的顶极或核心了。

中和殿是皇帝到太和殿上朝之前做准备的地方，面阔5间，高27米，攒尖式屋顶，鎏金宝顶，是三大殿中体量最小者。保和殿的规模居第二位，面阔9间，重檐歇山顶，是皇帝朝廷殿试的地方。

突出皇权至上，其实质是封建社会等级制度的最高和最集中的表现。在建筑装饰方面表现出严格的等级制度。皇宫建筑的巨大板门用红门金钉，皇族以下官吏的建筑按照级别高低依次使用绿门铜钉、黑门铁钉。门钉数量上也有规定：皇宫大门（例如午门、太和门、神武门等）用九路九排共81枚门钉；往下依次用七路七排49枚、五路五排25枚等。

在宫殿屋脊上装饰的一系列琉璃制的走兽的种类和数量上规定得也很严格。最高等级用九个，即龙、凤、狮、天马、海马、狻猊、斗牛、狻猊、押鱼。紫禁城前三殿中的太和殿与保和殿，后三宫中的乾清宫与坤宁宫，屋脊上用的都是九个。但是，为了突出太和殿的地位，不能让它也只用九个走兽。于是，修建太和殿时，工匠们又在九个走兽后面加了一个"行什"，即一个赶兽群的人。其他依次用七个走兽者为：中和殿、交泰殿与太和门；用五个者为乾清门；用三个者为御花园的一些亭、阁。

"定之方中，作于楚宫。揆之以日，作于楚室"（《诗经·定于方中》）。阴阳五行学说对紫禁城建筑也有一定的影响。"阴阳"为中国哲学的一对范畴。阴阳最初的意义是日光的向背，向日为阳，背日为阴，历来引申为气候的寒暖。"五行"指木、火、土、金、水五种物质，中国古代思想家企图用日常生活中常见的这五种物质来说明世界万物的起源和多样性的统一。阴阳说与五行说原本皆为朴素的唯物主义自然观，其中合理的因素一直被后来的唯物主义哲学继承下来，推动了天文学、化学、医学的发展，并深刻地影响着以紫禁城为代表的中国古代建筑的规划布局与建造风格。紫禁城的规划根据外朝为阳、内寝为阴，前为阳、后为阴的指导思想，从而形成了"前朝后寝"的布局；又依据数字中奇数为阳、偶数为阴的原则，明初（公元1420年）在外朝建造了太和、中和、保和三大殿，内寝建造了乾清宫和坤宁宫。现在看到的交泰殿是清中叶（1798年）补建的。风水理论对紫禁城的规划布局也有很大的影响。阳宅一般应建在背山面水处才为吉利，然而紫禁城并不具备这样的天然条件，于是只好挖出一条金水河，使之在宫城内曲折萦回。在紫禁城北面，又利用开挖护城河和金水河的泥土堆积成一座高达42米的景山。这样，无论如何紫禁城总算形成了一种背山面水的吉祥格局。

紫禁城的建筑装饰，华丽无比，工艺水平，巧夺天工。全部宫殿建筑，大量使用了砖雕、木雕、石雕、贴金、鎏金、油漆、彩画、景泰蓝、玉石及螺钿镶嵌、硬木贴络、绸缎装裱等封建社会所能达到的一切工艺美术手段，将高超的建筑工程技术和艺术和谐地融为一体。这也体现了中国传统观念："为之雕琢刻镂黼黻文章，使足以辨贵贱而已，不求其观"（《荀子·礼论》）。

明清两代，是我国封建社会的晚期阶段。作为两代的皇宫，故宫集历代宫殿的主要特点于一身，并体现了古代宫殿建筑的最高成就。它是古代劳动人民智慧的结晶，也是民族文化的珍贵遗产。它于1987年被列入《世界遗产名录》。

[名宫]　布达拉宫

西藏，位于"世界屋脊"青藏高原西南部，平均海拔4000米以上，面积120多万平方公里。以其独特的高原地理文化闻名于世。这里既有举世无双的高原雪域风光，又有妩媚迷人的南国风光，还有那古老而绚丽多彩的藏民族文化，向世人昭示其永恒的魅力和神秘的诱惑。尤其令人瞩目的是藏族建筑艺术精华，"高原圣殿"——布达拉宫。

布达拉宫坐落于拉萨市中心的红山上，从山脚仰望，更觉巍峨雄伟，气势磅礴。宫墙由花岗岩砌成，厚达2～5米。洁白的白宫环护上座的红宫，仿佛是圣洁和庄严的化身。这座古建筑倚山而建，层层殿宇仿佛突出佛教的崇高地位。布达拉宫共有大小殿堂、楼阁、房舍一千多间，大小柱子一万多根。布达拉宫除东南、西南都建有碉楼护卫外，里面还有法庭、监牢，是一座形制十分完备的城堡，占地十万平方米以上。宫内藏有大批珍贵文物，堪称西藏文化艺术宝库。

布达拉宫是历世达赖喇嘛的冬宫，也是过去西藏地方统治者政教合一的统治中心，从五世达赖喇嘛起，重大的宗教、政治仪式均在此举行，同时又是供奉历世达赖喇嘛灵塔的地方。

布达拉宫依山垒砌，群楼重叠，殿宇嵯峨，气势雄伟，有横空出世，气贯苍穹之势，坚实墩厚的花岗石墙体，松茸平展的白玛草墙领，金碧辉煌的金顶，具有强烈装饰效果的巨大鎏金宝瓶、幢和经幡，交相辉映，红、白、黄三种色彩的鲜明对比，分部合筑、层层套接的建筑形体，都体现了藏族古建筑迷人的特色。布达拉宫是藏式建筑的杰出代表，也是中华民族古建筑的精华之作。

宫殿的设计和建造根据高原地区阳光照射的规律，墙基宽而坚固，墙基下面有四通八达的地道和通风口。屋内有柱、斗拱、雀替、梁、椽木等，组成撑架。铺地和盖屋顶用的是叫"阿尔嘎"的硬土，各大厅和寝室的顶部都有天窗，便于采光，通风换气。宫内的柱梁上有各种雕刻，墙壁上的彩色壁画有2500多平方米。

红宫是达赖的灵塔殿及各类佛堂。共有灵塔8座，其中五世达赖的是第一座，也是最大的一座。据记载仅镶包这一灵塔所用的黄金就达11.9万两之多，并且经过处理的达赖遗体就保存在塔体内。西大殿是五世达赖灵塔殿的享堂。它是红宫内最大的宫殿，从西大殿上楼经画廊就到了曲结竹普（即松赞干布修法洞），这座公元7世纪的建筑是布达拉宫内最古老的建筑之一，里面保存有松赞干布、文成公主及其大臣的塑像。红宫内的最高宫殿名叫萨松朗杰（意为胜三界）。

布达拉宫始建于公元7世纪，于今已有1300多年的历史。布达拉意为“佛教圣地”。据说，当时吐蕃王朝正处于强盛时期，吐蕃王松赞干布与唐联姻，为迎娶文成公主，松赞干布下令修建这座有999间殿堂的宫殿，“筑一城以夸后世”。布达拉宫始建时规模没有这么大，以后不断进行重建和扩建，规模逐渐扩大。17世纪中叶，达赖五世受清朝册封后，又由其总管第巴桑结嘉措主持扩建重修工程，历时近50年，始具今日规模。到第十三世达赖，布达拉宫又进行了历时8年的修建。据说，这次修建，仅白银就花费了213万两。从松赞干布到十四世达赖，在这1300多年间，先后有9个藏王和10个达赖喇嘛曾在这里施政布教。1988年国家拨出巨款，对这座自17世纪以来没有大修过的宫殿进行维修。

布达拉宫于1994年12月被列入《世界遗产名录》。

二、陵寝

帝王陵寝建筑是古代建筑景观的重要组成部分。中国历代帝王陵寝制度和具有东方特色的陵寝建筑，是中华民族传统文化中的有机组成部分。陵寝制度及建筑的发展变化，与当时的社会变革、政权更替、文化发展有密切关系。

自战国至明清的二千余年间，关于帝王的陵寝形成了一整套制度，其建筑也由几个单体建筑发展成具有完整布局的建筑群体，有着很高的历史价值和艺术成就。历代帝王陵园，也是一座座古代文化的艺术宝库。

早期的墓葬在地面上并没有留下特殊的标志。《礼记·檀弓》上记载：“古也墓而坟”。《周易·系辞下》说：“古之葬者，厚衣之以薪，葬之中野，不封不树。”据历史文献和考古资料研究，封土坟头和地面建筑（祭堂等）的出现，大约始于殷、周之间。春秋战国时，已有初步定制，《周官》一书中有记载。帝王一级的称为“山陵”，这个词从秦汉开始出现。封土的发展过程表现为三种形式：① 方上，即层层夯土成方形台状。如秦始皇陵及汉代诸陵。② 依山为陵，地宫安置在山体中。如唐昭陵、乾陵。③ 宝城宝顶，用砖石垒筑墙体。自五代到明清的帝王陵，均采用了这种形式。古代礼制规定：“事死如事生”，于是出现了“寝”。这是依据帝王在世时“前殿后寝”的习惯而建造的。

陵墓的布局形制，历代既有因袭，也有革新，各朝都有自己的特点。

商周陵墓，地下以木椁室为主。战国楚国墓自成系统，是木椁墓保存至今最好的一类，如长沙马王堆墓的用漆和彩绘技术，给人深刻印象。

陵墓中空前绝后的宏伟作品，当属秦始皇陵。这是中国历史上最大工程之一。

西汉同样以人工夯筑的宏伟陵体为中心，四向有陵垣和门，构成十字形对称的布局。这个基本形体，是和西汉残留的其他礼制建筑——宗庙、明堂或辟雍的形式相一致的。西汉的四向对称的陵区布局，影响到唐和宋，都采用以陵体为中心，周围以正方的神墙，四向辟神门的制度。

西汉时期，寝殿一般建在陵园之中，庙建于陵园之外，大规模的祭祀活动在庙中举行。东汉时移入陵中，陵园建筑也增添了新的内容。

魏晋时帝王采用“因山为体”的筑墓方法，把墓室隐蔽起来。南朝诸帝陵依山麓、山腰而起坟者，陵园方向按山势而定，陵前平地开辟神道。北朝帝王陵园，沿袭少数民族族葬遗风，但有祠庙建筑，庙前有佛堂、斋堂、石阙等建筑。这是中国相对提倡薄葬时期。陵制卑小，但石碑、神道、柱、石兽等具有很高艺术价值。

唐代陵园亦有方形墙垣，四角建有角阙以作警卫，四边之门为东青龙、西白虎、南朱雀、北玄武。作为陵园主要建筑的献殿在朱雀门内，寝宫（下宫）则在墓西南约数里之地。

北宋陵园格局基本上同唐代，唯南面的正门称神门，下宫在陵墓西北数里，规模也较小。南宋陵园，在献殿后筑有龟头三间，其下是较浅的墓室。这是南宋皇室的祖宗陵墓在失陷的北方，准备将来收复北方后回葬祖宗陵园。此外南宋陵园的上宫、下宫造在同一轴线上，也是其特点。

元代在陵寝建制上，吸收了汉族传统文化，同时保留了少数民族的特色和习俗。

明代朱元璋恢复了预造寿陵的制度，并对以前的陵寝制度作了改革：改唐宋时方形陵墓为圆形，更为讲究棺椁的密封等保护措施，扩展了上宫建筑。建筑艺术风格较历代有较大的突破，形成由南向北、排列有序、相对集中的木构建筑群。规模宏大，气势雄伟，可与故宫太和殿媲美。

清代陵园在规制上与明代基本相同。清东陵和清西陵，是我国现存规模最大、保存最完整的陵墓群。

除陵、寝作为主体建筑外，帝王陵墓的建筑群还包括神道两旁的石刻群。汉武帝茂陵的陪葬墓霍去病墓前的石刻，现存有十四件，其石兽有马、虎、象、牛、猪、龟、鱼、蛙等，造型以卧的居多，还有胡人。最值得称道的是“怪兽食羊”、“力士抱熊”、“马踏匈奴”三件石雕，造型生动古朴，是西汉石刻艺术的精品。

东汉明帝的上陵礼，对先帝陵寝进行朝拜祭祀，影响到神道石刻群的数量和种类。出现了石刻的官员武士，以及象征吉祥避邪的动物和神兽。官员的造型一般为文官执圭，武士拄剑，石兽有象、马、骆驼、狮、虎、羊等，还有天禄、辟邪、麒麟、独角兽等神兽和瑞禽。长距离神道和大身躯石像，体现了封建帝王的赫赫威仪。唐高宗与武则天的乾陵神道长 3 公里，地面建筑 378 间之多，有“蕃酋”石像 61 座。明十三陵神道长 7 公里，有石像生 18 对；清东陵神道长 5 公里，逶迤排列其两旁的石人石兽，数量众多。著名的唐太宗昭陵“六骏”浮雕，精美绝伦，已达出神入化的境地。

在封建社会里，帝王拥有最高权力和最奢侈的物质享受，除陵寝、石刻群等地面建筑外，埋藏于地下的墓室建筑、棺椁、殉葬品等亦很高的历史价值和文物价值。墓葬实际上就是特定历史时期社会生活的缩影。中国最著名的是秦始皇陵兵马俑，它以雄浑的气势，再现了两千余年前秦国军队的雄姿和秦国武士的风采。这些帝王的陵寝沉积着劳动人民的血汗和泪水，同时也凝聚着古代能工巧匠的智慧和技艺，是宝贵的文化财富。

中国古代的国君、帝王，尤其是奴隶社会和封建社会的最高统治者，都曾不惜耗费巨大的人力和物力修建陵墓。3000 多年来，中国共有一统王朝与割据政权的大小帝王 500 余人，至今地面有迹可寻、时代可以确认的帝王陵墓有 100 多座，其历史之久，数量之多，规模之大，工艺之精，举世罕见，它们形成了中国独具特色的景观人文资源。其中著名的有黄帝陵、秦始皇陵、汉代长陵和茂陵、唐代昭陵和乾陵、明代孝陵和十三陵、清代东陵和西陵等。

黄帝陵

黄帝陵在今陕西省黄陵县城北桥山上。黄帝是传说的中华民族的祖先，五千年文化古国的奠基者，被尊奉为“人文初祖”。司马迁在《史记·五帝本纪》中记载：“黄帝崩，葬桥山”，故在全国各地所有关于黄帝纪念性的陵墓中，桥山的黄陵可信度最高。另据《史记·封禅书》所载，汉武帝于元封六年（公元前105年）冬，北巡朔方后曾到桥山祭奠黄帝陵，并在陵前筑土台，后世称其为“汉武仙台”。

黄帝陵现高3.6米，周长48米，有砖墙护卫。其南面立有明嘉靖十五年（公元1536年）碑石，刻有“桥山龙驭”四个大字。其西南有四角攒尖顶祭亭，内立郭沫若手书“黄帝陵”石碑。桥山山麓有黄帝庙，始建于唐代宗大历七年（公元722年），历代多次重修。庙后正厅大殿挂有黄帝造像，门首高挂“人文初祖”金匾。庙院古柏参天，其中最大的一棵高达19米，下围约10米，相传为黄帝亲手所植，迄今依然枝繁叶茂，苍劲挺拔。大殿西侧尚有一棵古柏，相传为汉武帝远征朔方后还祭黄陵时曾挂甲于此树，故称“挂甲柏”。从严格意义上讲，黄帝陵属于纪念性意义的帝王陵寝。

秦始皇陵

秦始皇陵是中国古代帝王陵寝发展史上的里程碑。大约从夏商时代开始，帝王陵寝的陵区规划、陵园建筑、陵墓形制、随葬制度都已初具雏形，历经2000多年的发展演变，到秦汉时期基本成型。秦始皇统一中国之后，不仅修建了规模宏大的宫殿建筑群，而且建造了富丽堂皇的始皇陵。陵园布局基本上依照都城宫殿的规划布置，设双重垣墙，外城四角设置警卫角楼。根据当时以西方为上的观念，整座陵园坐西朝东。陵园内建有寝殿、便殿、左右伺官建筑及陪葬坑，总体布局体现了一家独尊的特点。

秦始皇陵园的面积为56.25平方公里，其陵基近似方形，现存陵体为方锥形夯土台，东西宽345米，南北长350米。围绕着封土堆，地面上原建有两重南北向长方形的城垣。内城南北长1355米，东西宽580米，周长3870米；外城南北长2165米，东西宽580米，周长6210米。城墙多已坍塌，现仅存墙基，墙基厚约8米。内城和外城四面均有城门，外城四面各有一门，内城的东、西、南三面各有一门，秦始皇陵的四周分布着大量形制不同、内涵各异的陪葬坑和墓葬，现已探明的就有400多个。始皇陵显然是一座地下宫殿，是世界上规模最大、结构最奇特、内涵最丰富的帝王陵墓之一，也是一座豪华的地下宫殿，它位于陕西临潼县骊山北麓。据《史记·秦始皇本纪》载：“始皇初即位，穿治骊山。……穿三泉，下铜而致椁，宫观百官奇器珍徙臧满之。令将作机弩矢，有所穿近者辄射之。以水银为百川江河大海，机相灌输，上具天文，下具地理。以人鱼膏为烛，度不灭者久之。”自秦始皇即位至去世历时37年修成。始皇陵至今尚未开掘。

始皇陵东门外有象征着皇城侍卫军的兵马俑，系为皇陵的陪葬而安排的宫廷百官的一部分。近万个陶制卫士分别组成步、弩、车、骑四个兵种。卫士各执弓、箭、弩、戈、矛、戟等实战兵器，或负弩前驱，或御车策马，均面向东方。不仅造型特征、服饰装束各不相同，而且表情、神态各具风姿，具有强烈的艺术感染力。面对着气势磅礴、威武雄壮的兵马俑军阵，人们可以把它想像为秦始皇正在指挥着百万雄师，东征六国；也可以认为它们是秦始皇出行的仪仗队；或认为它们是驻扎在咸阳城外、卫戍京师的侍卫军。始皇陵兵马俑气魄之宏大、阵势之威武、艺术之高超，确为世所罕见，是震惊世界的古代文化遗产，被誉为“世界第八奇迹。”

1987年秦陵被列入《世界遗产名录》。

汉陵

汉承秦制，重视陵墓建造。西汉 11 个皇帝陵墓除文帝霸陵、宣帝杜陵在长安城东南郊之外，其余均布设于渭河北岸的咸阳原上。陵园为方形，只有一重城垣，陵墓居陵园中央，依然坐东朝西。陵园前面开始出现神道，道旁布置有石雕刻、石建筑等，以示墓主人生前享有的仪式和威严。

在西汉帝陵中，以武帝茂陵规模最大。陵形呈梯形六面体覆斗状，冢高 46.5 米，周长 240 米。陵园呈方形，园墙边长 400 米，厚 5.8 米。神道两侧有皇亲国戚和达官显贵的陪葬墓，其中最著名者为汉将霍去病墓。墓冢用巨石堆砌成祁连山形态，以表彰他在祁连山一带抗击匈奴的丰功伟绩。墓前陈列着一系列大型石刻石人和石兽等，其中以“马踏匈奴”最为著名。这些雕刻寓意深刻，刀法洗练，形神兼备，浑厚古朴，是我国古代石雕珍品。

唐代帝王陵

唐代帝王陵寝的最大特点就是比前代更加追求陵区的庞大和陵冢的高大。唐太宗不满足于挖地堆土为陵的传统做法，开创了辟山为陵的先例。其中最典型者为唐高宗与武则天合葬的乾陵。

乾陵位于西安附近乾县梁山地区，山高千余米，陵区依山而建，气势雄伟。陵园分为内外两重城垣，外周 5800 米，四座阙门分别命名为“青龙”、“白虎”、“朱雀”、“玄武”；中轴线上有阙楼、回廊、献殿等建筑。墓道长 3 公里，旁置华表、翼马、驼鸟、石狮、石人等大型雕刻。高高耸立的“述圣碑”与“无字碑”浑朴巍峨（图 3-5）。

十三陵

明清之季陵园，废弃前代将上 、下宫分离的布局，把各类建筑集结在一条南北向的中轴线上，陵园由方形改为长方形。陵墓与献殿用垣墙隔开成为两个独立的建筑群体。整个布局明显受到当时宫殿建筑格局的影响，依然分为“前朝后寝”，显得井然有序，主次分明，宏伟庄严。

图 3-5　乾陵墓道

明十三陵位于北京市昌平县天寿山南麓，群山环绕之中形成一个向南敞开的小平原，景色苍秀，气势雄阔。陵区内共有明代 13 个皇帝的陵墓。各陵共设一个神道与牌坊、石像生等，整体布局由神道与陵园两部分组成。陵区中轴线最南端为雄伟的石牌坊，往北依次为大红门、牌楼、龙凤门；神道上排列着狮子、獬豸、骆驼等 24 座石兽与功臣、文武大臣等 12 座石人。各陵园虽然规模不同，但形制基本相同。目前，陵园地上保存最好的是长陵，已被发掘的为定陵。

长陵为明成祖陵，建于永乐七年至十一年（公元 1409～1413 年），由三进院落组成。从大宫门到祾恩门为第一进院落；第二进院内有祾恩殿，大殿建在三重汉白玉台基上，面阔 5 间（66.75 米），进深 5 间（29.30 米），黄瓦红墙，重檐庑殿顶。殿内有 60 根高达 10 米的整根楠木柱，中央四柱高达 14.30 米，直径 1.17 米，至今完整无损，香气袭人，为国内罕见。第三进院内有明楼。长陵宝城（墓冢）直径 340 米，上有垛口。形似砖砌城堡。定陵为明神宗陵，建于万历十二年至十八年

（公元1584～1590年），1956年发掘。定陵地宫由前殿、中殿、后殿、左右配殿及隧道组成，总面积1195平方米。其中后殿最大，高9.5米，宽9.1米，长30.1米，棺床上陈放3口巨棺、26只木箱以及金冠、凤冠等珍品。各殿均有汉白玉石门，重约4吨，用“自来石”封闭。

清皇陵

清朝入关以前的祖陵都在关外，入关后相继在河北遵化县马兰峪的昌瑞山下修建了清东陵，在河北易县永宁山下修建了清西陵。东陵以顺治孝陵为中心，西陵以雍正泰陵规模最大。清代陵制的主要改变是开始为皇后另建陵园，且规模较小。慈禧太后两朝听政，大权在握，自然不甘心作为皇后陵的规模，所以下令将已经建好的祾恩殿和左右配殿拆除，全部用名贵的黄花梨木和楠木进行重建。殿内梁柱和墙壁上用金粉彩绘龙、凤、云、寿等图案，用雕花砖砌成“五福捧寿”和“万字不到头”花纹，象征福、寿、吉祥，满堂金色，交相辉映。与此同时，在祾恩殿的台基栏杆上，还雕有“凤引龙追”的图案。整座后陵，奢华至极。

2000年清皇家陵寝被列入《世界遗产名录》。

第三节　建筑景观之坛庙寺观

坛庙是祭祀性的建筑，又称礼制性建筑，在古建筑中占了很大的数量，大多规模宏大、装饰精美。以帝王的祭坛建筑最为壮观。如北京的天坛是祭天祈谷的地方，四周范围达六公里。在中国，祭祀祖宗、先哲的祠庙可以说遍布全国，其中尤以祭祀孔子的文庙和祭祀关羽的武庙最为突出。现存北京的孔庙是最高级的，可供天子或礼部在此进行祭祀。规模最大、历史最久的是曲阜孔庙。武庙以关羽老家山西省解县的关帝庙规模最大，建筑也最为壮丽。岳飞庙以杭州西湖岳庙最为宏大。还有宗教建筑也具有较高水准。中国古代主要流行佛教、道教和伊斯兰教等宗教。宗教建筑多在深山老林、风景幽雅之处。“天下名山僧占多”。因为风景秀丽幽静便于修道。达摩东渡修行，见嵩山秀丽，于是居而面壁参禅。慧理到杭州，见飞来峰挺拔苍秀，又很像印度的灵鹫峰“飞来”于此，就筑室而居。历代信徒，相沿而成定制。

道教是一种取法自然的宗教，即所谓“地法天，天法道，道法自然。”既然大道法于自然，那么，学道就必须以自然为师，置身山林、融合于自然，道教比佛教更趋向于隐匿深山之中。道教建筑称为“观”或“宫”。这两种建筑形式是中国古建筑的传统类型。与名山岛屿结合，有洞天福地、仙山楼阁之称。

寺庙道观的建筑布局，既受中国古代传统建筑的影响，又影响传统建筑本身的格局。佛教与伊斯兰教虽属外来宗教，但在其承传的千百年岁月中，这些外来宗教及其宗教建筑本身，已经基本上“中国化”了。受中国传统的民居院落形式影响，一般把主要建筑摆在南北中轴线上，附属建筑则布置在东西两侧。其主要建筑大致排列为：山门、天王殿、大雄宝殿、法堂、藏经阁等。山门一般有三座门，常呈殿堂式，天王殿中，供奉大肚弥勒，背靠韦陀天尊，左右分列四大天王。再往北，是核心建筑，即大雄宝殿，佛寺中央供奉本尊释迦牟尼等，殿内两侧多塑十八罗汉。法堂是演说佛法之处。藏经楼则是珍藏佛经的地方。附属建筑有大雄宝殿东西两侧的配殿及其他经堂廊庑、塔等。佛寺建筑可分为民居院落式和园林式的佛寺，中国第一座佛寺洛阳白马寺即为园林式寺院。佛寺与园林完美结合，如杭州灵隐寺、天台国清寺、衡山祝圣寺、成都文殊院等。

道教道观的建筑格局既受中国传统建筑格局的影响，又受佛寺格局的熏染，最为繁芜。现存最早的木构道观是，福建莆田玄妙观的三清殿，为北宋（1015年）重建。江苏苏州玄妙观三清殿建于南宋(1129年)，规模宏大，结构精巧，面宽45米，进深25米，是现存规模最大的宫观殿宇，尤其是在“斗拱”上运用上了“上昂”结构，是木构中的孤例。山西纯阳万寿宫，为现存元代建筑中规模最大者，除木构这一特点外，最有价值的是元代壁画。殿中壁画高4.26米，全长94.68米，计有金童、玉女、天丁、力士、帝君、星宿、仙猴、仙佰等共290多尊；“纯阳帝君仙游显化图”，则是研究宋元社会的重要资料。北京的白云观是全真教的第一丛林，也是龙门派的祖庭，始建于唐代，现存建筑都是明清重建。四川成都的青羊宫也是著名道教建筑。

伊斯兰教大约于七世纪中叶传入中国。中国沿海与新疆的一些清真寺，例如建于唐代的、中国最早的清真寺广州光塔寺、建于北宋的泉州清净寺、喀什艾提尕尔寺等，采取阿拉伯或中亚的建筑风格，殿上建圆顶或者尖塔，称为“邦克楼”，供赏月和呼唤做礼拜。然而中国内地的大部分清真寺，例如西安化觉寺、北京牛街清真寺、天津北大寺、成都皇城寺等，则基本上采纳了以中国传统的殿宇式四合院为主的建筑风格，带有明显的“中国化”色彩。历史上伊斯兰教传统建筑与中国各民族地区建筑相结合，最盛时期是明清这一阶段。此时“中国化”程度加强，逐步形成以木构殿堂、楼阁为主体的中国伊斯兰建筑风格。寺门前左龙右虎，居中者为山门大殿，门前还有照壁。寺内主体建筑为礼拜大殿，两旁厢堂楼阁雕梁画栋，勾心斗角，刻楹满壁，与寺庙道观差别不大。山东济宁东、西清真寺，建于清康、乾年间，两大寺木构大殿是全国伊斯兰清真寺中最大的一个，规模仅次于故宫太和殿。

“南朝四百八十寺，多少楼台烟雨中”，建筑精美的寺庙道观，为如画的风景平添了几分神秘的色彩。

山东泰安的岱庙是中国较早的山门崇拜寺庙之一，建筑面积9.7万平方米。主殿天贶殿高22.3米，面宽九间，重檐八角，斗拱彩绘，黄瓦覆盖，气势雄伟，它与故宫太和殿、曲阜孔庙大成殿并称为我国“三大宫殿”。

山西五台山的南禅寺复建于唐，大殿面宽与进深各三间，由台基、屋架和屋顶组成，单檐歇山式。共用12根檐柱承托整座大殿，各柱柱头微向内倾，与横梁构成斜角。四根角柱稍高，与层层叠架、层层伸出的斗拱构成“翘起”，使大殿在结构上有收有放、有抑有扬，轮廓秀丽，气势雄浑，给人以庄重的感觉。南禅寺大殿是我国现存最古的木结构建筑。大殿内还保存了一批与建筑物同时的塑像、壁画和题字，均为国宝级的。

中国现存规模最大的寺庙殿堂是大同华严寺的大雄宝殿。此殿始建于辽，面宽九间（53.57米），进深五间（29米），面积1559平方米，比岱庙天贶殿规模还大。其殿檐高9.5米，庑殿顶。正脊上的琉璃鸱吻高达4.5米，这在全国宫殿建筑史上极为罕见。此外，湖北当阳玉泉的大雄宝殿、广州光孝的大雄宝殿、河北正定兴隆寺的摩尼殿、天津蓟县独乐寺的观音阁和山门、厦门南普陀寺的大悲殿等，其建筑艺术精湛独到，各具风采。

寺庙建筑中举世无双者为北岳恒山的悬空寺。悬空寺坐落于金龙口西的悬崖峭壁上，背倚危崖，下临深渊，凿穴插梁为基，依岩起屋。共有殿宇楼阁40间，背西面东，南北逶迤。主要建筑应楼、大殿、经阁、配殿、僧舍等，均建在面宽仅 20 米、进深不足 10 米的狭窄空间内，依据顺山崖凹进的地势，比肩起殿。主体建筑大殿院墙北边紧依峭壁，有南北高下相对峙的两座悬空楼阁。两座楼阁形制基本相同，三层三檐、三面三廊，歇山式。两楼之间以 30 米长的悬空栈道相互联结。凡到此处观赏的旅游者无不为之惊叹叫绝。

佛塔是宗教建筑中极富特色的人文景观之一，平地拔起，突兀蓝天；或耸立绝顶，直插云汉。远远望去，雄伟壮观，静穆洒脱，给人以神秘崇高的美感享受。隋唐以后，由以塔为主、塔在中心的寺院布局，改变为以殿堂为主的寺院布局。

[名寺·名文]《白马寺》

白马寺，汉明帝所立也。佛教入中国之始，帝梦金神，长丈六，项北日月光明。胡神号曰佛。遣使向西域求之，乃得经像焉。时以白马负经而来，因以为名。寺在西阳门外三里御道南。

明帝崩，起祇洹于陵上，自此以后，百姓冢上或作浮图焉。寺上经函，至今犹存。常烧香供养之，经函时放光芒，耀于堂宇。是以道教俗礼敬之，如仰真容。

浮图前，荼林、蒲萄异于余处，枝叶繁衍，子实甚大。荼林实重七斤，蒲萄实伟于枣，味并殊美，冠于中京。帝至熟时，常诣取之。或复赐宫人，宫人得之，转饷亲戚，以为奇味。得者不敢辄食，乃历数家。京师语曰："白马甜榴，一实直牛。"

注：白马寺是佛教传入中国后建造的第一座佛寺，在今河南省洛阳市东。本文记录建寺始末及寺中植物、京城风俗。选自《洛阳伽蓝记》。

[名坛]　北京天坛

天坛位于北京城南端，是明清两代皇帝祭祀天地之神和祈祷五谷丰收的地方。它的严谨的建筑布局，奇特的建筑结构，瑰丽的建筑装饰，被认为是我国现存的一组最精致、最美丽的古建筑群，天坛不仅是中国古建筑中的明珠，也是世界建筑史上的瑰宝。

天坛东西长 1700 米，南北宽 1600 米，总面积为 273 万平方米。天坛包括圜丘和祈谷二坛，围墙分内外两层，呈回字形。北围墙为弧圆形，南围墙与东西墙成直角相交，为方形。这种南方北圆，通称"天地墙"，象征古代"天圆地方"之说。外坛墙东、南、北三面均没有门，只有西边修两座大门——圜丘坛门和祈谷坛门（也称天坛门）。而内坛墙四周则有东、南、西、北四座天门。内坛建有祭坛和斋宫，并有一道东西横墙，南为圜丘坛，北为祈谷坛。

除祈谷坛和圜丘坛之外，天坛还有两组与众不同的建筑群，即斋宫和神乐署。斋宫实际是座小皇宫，是专供皇帝举行祭祀礼前斋戒时居住的宫殿，也有城河围护。神乐署则是隶属于礼部太常寺之下，专门负责祭祀时进行礼乐演奏的官署。

进入天坛，树木葱郁，尤其在南北轴线和建筑群附近，更是古柏参天，树冠相接，把祭坛烘托得十分肃穆。据统计，天坛仅古柏就有 4000 株。深绿颜色在古代表示崇敬、追念和祈求之意。这也是在坛、庙、陵寝种植松柏的原因。

祈谷坛上为祈年殿。殿高 33 米，直径 24.2 米，宏伟壮观，气度非凡，是昔日北京的最高建筑之一。祈年殿建于明永乐十八年（1420 年），取名大祀殿，为宽 12 间、纵深 36 间的黄瓦玉陛重檐垂脊的方形大殿。为天坛内仅存的两座明代建筑之一。大祀殿与其说是祭坛，不如说是一座宫殿，后来嘉靖皇帝旨意拆除，并于 1545 年在大祀殿原址上建成大享殿，改方形殿为圆亭式。清王朝建立后，用它来举行祈谷礼。1751 年，正式将大享殿更名为祈年殿。清乾隆十六年（1751 年）重修祈年殿，更换蓝瓦金顶。据传，北京古建筑材料中有名的四宝，即祈年殿沉香木楹柱，太庙前殿正中三间沉香木梁柱，颐和园佛香阁内铁梨木通天柱，谐趣园中涵远堂内沉香木装修格扇。现在所看到的祈年殿，是雷击后重修的，其形状和结构都与原来的一样。

祈年殿是一座宏伟而又极具民族风格的独特建筑，按"敬天礼神"而建。鎏金宝顶三层出檐的圆形攒尖式屋顶，覆盖着象征"天"的蓝色琉璃瓦，层层向上收缩，檐下的木结构有十分精致的彩绘，坐落在汉白玉石基座上，远远望去，色彩对比强烈而和谐，上下形状统一而富于变化。它的构造比皇穹宇复杂，外部是三层高阁，内部则是层层相叠而环接的穹顶式，仿佛像砖砌的券殿，但又没有一砖一石，全部采用木结构，28 根大柱支撑着整个殿顶的重量（象征28星宿）。内外楹柱各12根（象征12个月和12时辰），中间四根楹柱叫通天柱或龙井柱（象征四季），高18.5米，大头直径1.2米，古镜式的柱础，海水宝相花的柱身，沥粉堆金，支撑着殿顶中央的“九龙藻井”。

三音石：皇穹宇殿门外是一条由大长方石铺成的甬路，站在甬道第三块石板上，敞开殿门，并将全殿窗户紧闭，使殿门到殿内正中神龛之间没有任何障碍物，然后面对殿门说话，就可以听到非常洪亮的三声回声，有“人间偶语，天闻若雷”之说。这些石板被称为“天闻若雷石”，或“三才石”（即天、地、人三才）。

回音壁就是皇穹宇的围墙。墙高3.72米，厚0.9米，直径61.5米，周长193.2米。墙壁是用磨砖对缝砌成的，墙头覆着蓝色琉璃瓦。围墙的弧度十分规则，墙面极其光滑整齐，对声波的折射是十分规则的。一个人靠墙向北说话，声波就会沿着墙壁连续折射前进，传到一、二百米的另一端，堪称奇趣，给人造成一种“天人感应”的神秘气氛。

圜丘坛在天坛南半部，始建于嘉靖九年（1530年），坐北朝南，四周绕以红色宫墙，上饰绿色琉璃瓦，俗称“子墙”。子墙四周各有一大门。北门叫成贞门，也称北天门；东门叫泰元门，也称东天门；西门叫广利门，也称西天门。南面正门叫昭享门，也称南天门。每座门上题有满汉合璧门额。将各门名称的第二个字顺序排列为元、享、利、贞。这种排列是据《周易》的“干卦四德”而定。“元”，代表始生万物，天地生物无偏私；“享”为万物生长繁茂；“利”，为天地阴阳相合，从而使万物生长各得其宜；“贞”，为天地阴阳保持相合而不偏，以使万物能够正固而持久。

皇帝每年祭天时，都从西边牌楼下轿，然后步入昭享门，进昭享门到圜丘坛。四周绕有两层墙。第一层墙为方形，叫“外”；第二层墙为圆形，叫“内”，象征“天圆地方”。内中央处，就是祭天台（也叫拜天台），即圜丘台。台面墁嵌九重石板，是象征九重天的意思。9就是最大、无限、至极的意思。中国过去皇帝称为“九五之尊”，圜丘在建筑设计中使用奇数，使“天”的观念能在祭祀建筑中更好地体现。圜丘台中心是一块呈圆形的大理石板，称作天心石，也叫太极石。从中心向外围以扇形石。三层坛共有378个“九”，合计用扇面石3402块，含有“九五”之尊的意思。

1998年被列入《世界遗产名录》。对其评价是：天坛是建筑和园林设计的一个代表作，简洁、生动地表达了一种对一个伟大文明的进步产生过伟大影响的宇宙观。天坛具有象征意义的规划设计，对远东许多国家的建筑和规划曾产生过深远的影响。中国延续了两千多年的封建统治，天坛的规划和设计思想象征着它的合理性。

[名庙]　曲阜孔庙

在山东省的西南部，有一个孔姓人口占1/5的县级市，她就是有着5000多年悠久历史的“东方圣城”——曲阜。“千年礼乐归东鲁，万古衣冠拜素王”，曲阜之所以享誉全球，是与孔子的名字紧密相连的。孔子是世界上最伟大的哲学家之一，中国儒家学派的创始人。孔子作为儒学创始人，他确定了儒学的人文精神方向：即一方面，要有担负“斯文”之道、以天下为己任的使命感；另一方面，承担这种使命在于道德人格——“仁”德的自我完成。换句话说，这种人文精神就是“为天地立心，为生民立命，为往圣继绝学，为万世开太平”。在两千多年漫长的历史长河中，儒家文化逐渐成为中国的主流文化，并影响到东亚和东南亚各国，成为整个东方文化的基石。曲阜的孔府、孔庙、孔林，统称“三孔”，是中国历代纪念孔子，推崇儒学的表征，以丰厚的文化积淀、悠久历史、宏大规模、丰富文物珍藏，以及科学艺术价值而著称。因其在中国历史和世界东方文化中的显著地位，而被联合国教科文组织列为世界文化遗产，被世人尊崇为世界三大圣城之一。

孔府　西与孔庙为邻，是孔子世袭“衍圣公”的世代嫡裔子孙居住的地方，是我国仅次于明、清皇帝宫室的最大府第。现在，孔府占地240多亩，有厅、堂、楼、轩等各式建筑463间，分为中、东、西三路。东路为家庙，西路为学院，中路为主体建筑。中路以内宅为界，前为官衙，设三堂六厅；后为内宅，最后是孔府的花园，是历代衍圣公及其家属游赏之所，是典型的官衙与内宅合一的贵族庄园。

大堂是衍圣公的公堂，内有八宝暖阁、虎皮大圈椅、红漆公案，公案上有公府大印、令旗令箭、惊堂木、文房四宝等。两侧是仪仗，气象森严可畏。七十二代衍圣公孔令贻的住宅和房内陈设保存完整。府内所藏历史文物十分丰富。其中最著名者为“商周十器”，亦称“十供”，原为宫廷所藏青铜礼器，清高宗于乾隆三十六年（1771年）赏赐孔府。

孔庙　坐落在曲阜城中央，其建筑规模宏大、雄伟壮丽、金碧辉煌，具有东方建筑特色，为我国最大的祭孔要地。孔子死后第二年（公元前478年），鲁哀公将其故宅改建为庙。此后历代帝王不断加封孔子，扩建庙宇，大修15次，中修31次，小修数百次，到清代雍正时成现在这样宏大的规模。庙内共有九进院落，以南北为中轴，分左、中、右三路，纵长1000米，横宽140米，有殿、堂、坛、阁466间，门坊54座，“御碑亭”13座，占地约200亩。游览孔庙应着重游览中轴线上的奎文阁、十三碑亭、杏坛、大成殿及其两庑的历代碑刻。孔庙内的圣迹殿、十三碑亭及大成殿东西两庑，陈列着大量碑碣石刻，特别是这里保存的汉碑，在全国是数量最多的，历代碑刻亦不乏珍品，其碑刻之多仅次西安碑林，所以它有我国第二碑林之称。这个具有东方建筑特色的庞大建筑群，面积之广大，气魄之宏伟，时间之久远，保持之完整，被古建筑学家称为世界建筑史上“惟一的孤例”。它凝聚着历代万千劳动者的血汗，是我国劳动人民智慧的结晶。

大成殿是孔庙的主殿，也是孔庙的核心。唐代时称文宣王殿，共有五间。宋天禧五年（公元102年）大修时，移今址并扩为七间。宋崇宁三年（公元1104年）徽宗赵佶取《孟子》：“孔子之谓集大成”语义，下诏更名为“大成殿”，清雍正二年（公元1724年）重建，九脊重檐，黄瓦覆顶，雕梁画栋，八斗藻井饰以金龙和玺彩图，双重飞檐正中竖匾上刻清雍正皇帝御书“大成殿”三个贴金大字。殿高32米，长54米，宽34米，坐落在2.1米高的殿基上，四周廊下环立28根雕龙石柱，均以整石刻成。柱高5.98米，直径0.81米，承以重层宝装覆莲柱础。两山及后檐的18根八棱磨浅雕石柱，以云龙为饰，每面浅刻9条团龙，每柱72条。前檐的10根为深浮雕，每柱两龙对翔，盘绕升腾，中刻宝珠，四绕云焰；柱脚缀以山石，衬以波涛。10根龙柱两两相对，各具变化，无一雷同，造型优美生动，雕刻玲珑剔透，刀法刚劲有力，龙姿栩栩如生。这是曲阜独有的石刻艺术瑰宝。大成殿为全庙最高建筑，也是中国三大古殿之一（另两大古殿为故宫太和殿、岱庙天贶殿）。

杏坛位于大成殿前甬道正中，传为孔子讲学之处，坛旁有一株古桧，称“先师手植桧”。杏坛周围朱栏，四面歇山，十字结脊，二层黄瓦飞檐，双重半拱。亭内细雕藻井，彩绘金色盘龙，其中还有清乾隆“杏坛赞”御碑。亭前的石香炉，高约1米，形制古朴，为金代遗物。

孔林　又称“至圣林”。是孔子及其家族的专用墓地，也是目前世界上延时最久、面积最大的宗族墓地和私人陵园。孔子卒于鲁哀公十六年（公元前479年）四月乙丑，葬鲁城北泗上。其后代从冢而葬，形成今天的孔林。从子贡为孔子庐墓植树起，孔林内古树已达万余株，成一座天然植物园。还有3000多道石碑。自汉代以后，历代统治者对孔林重修、增修过13次，以至形成现在这样的规模，总面积3000余亩，周围林墙7.25公里，墙高3米多，厚1.5米。郭沫若曾说：“这是一个很好的自然博物馆，也是孔氏家族的一部编年史”。孔林对于研究中国历代政治、经济、文化的发展以及丧葬风俗的演变，也有着不可替代的作用。

山东曲阜孔庙、孔府、孔林于1994年12月被列入《世界遗产名录》。

[名祠·名文]　梁衡《晋祠》

从山西省太原市西行40公里，有一座悬瓮山。在山下的参天古木中，林立着100多座殿堂楼阁和亭台桥榭。悠久的历史文物同优美的自然风景浑然融为一体，这就是著名的晋祠。

晋祠的美，在山，在树，在水。

这里的山，巍巍的，有如一道屏障；长长的，又如伸开的两臂，将晋祠拥在怀中。春日黄花满山，径幽香远；秋来草木萧疏，天高水清。无论什么时候拾级登山都会心旷神怡。

这里的树，以古老苍劲见长。有两棵老树：一棵是周柏，另一棵是唐槐。那周柏，树干劲直，树皮皱裂，顶上挑着几根青青的疏枝，偃卧在石阶旁。那唐槐，老干粗大，虬枝盘屈，一簇簇柔条，绿叶如盖。还有水边殿外的松柏槐柳，无不显出苍劲的风骨。以造型奇特见长的，有的偃如老妪负水，有的挺如壮士托天，不一而足。圣母殿前的左扭柏，拔地而起，直冲云霄，它的树皮上的纹理一齐向左边拧去，一圈一圈，丝纹不乱，像地下旋起了一股烟，又似天上垂下了一根绳。晋祠在古木的荫护下，显得分外幽静、典雅。

这里的水，多、清、静、柔。在园里信步，但见这里一泓深潭，那里一条小渠。桥下有河，亭中有井，路边有溪。石间细流脉脉，如线如缕；林中碧波闪闪，如锦如缎。这些水都来自“难老泉”。泉上有亭，亭上悬挂着清代著名学者傅山写的“难老泉”三个字。这么多的水长流不息，日日夜夜发出叮叮咚咚的响声。水的清澈真令人叫绝，无论多深的水，只要光线好，游鱼碎石，历历可见。水的流势都不大，清清的微波，将长长的草蔓拉成一缕缕的丝，铺在河底，挂在岸边，合着那些金鱼、青苔以及石栏的倒影，织成一条条大飘带，穿亭绕榭，冉冉不绝。当年李白来到这里，曾赞叹说：“晋祠流水如碧玉。”当你沿着流水去观赏那亭台楼阁时，也许会这样问：这几百间建筑怕都是在水上漂着的吧！

然而，最美的还是祖先留给我们的古代文化。这里保留着我国古建筑中的“三绝”。

一是圣母殿。它建于宋天圣年间，重修于宋崇宁元年（1102 年），这是全祠的主殿。殿外有一周围廊，是我国古建筑中现存最早的带围廊的宫殿。殿宽七间，深六间，极为宽敞，却无一根柱子。原来屋架全靠墙外回廊上的木柱支撑。廊柱略向内倾，四角高挑，形成飞檐。屋顶黄绿琉璃瓦相间，远看飞阁流丹，气势十分雄伟。殿堂里的宋代泥塑圣母像及 42 个侍女，是我国现存宋代泥塑中的珍品。她们或梳妆，或洒扫，或奏乐，或歌舞，形态各异，形体丰满俊俏，面貌清秀圆润，眼神生动，衣纹流畅，真是巧夺天工。

二是殿前柱上的木雕盘龙。这是我国现存最早的盘龙殿柱，雕于宋元祐二年（1087 年）。八条龙各抱一根大柱，怒目利爪，周身风从云生，一派生气，距今虽近千年，鳞甲须髯，仍然像要飞动，不能不叫人叹服木质的优良与工艺的精巧。

三是殿前的鱼沼飞梁。这是一个方形的荷花鱼沼。沼上架了一个十字形的飞梁，下面由 34 根八角形的石柱支撑。桥边的栏杆和望柱形制奇特，人行桥上，可以随意左右。这种突破一字桥形的十字飞梁，在我国古建筑中也是罕见的。

以圣母殿为主体的建筑群还包括献殿、牌坊、钟鼓楼、金人台、水镜台等，都造型古朴优美，用工精巧。全祠除这组建筑外，还有朝阳洞、三台阁、关帝庙、文昌宫、水母楼、胜瀛楼、景清门等，都依山傍水，因势起屋，或架于碧波之上，或藏于浓荫之中，各有不同的情趣。

园中的许多小品，也极具匠心。比如有一座假山，山上一挂细泉垂下，就在下面立着一个汉白玉的石雕小和尚，光光的脑门，笑眯眯的眼神，双手齐肩，托着一个石碗接水。那水注在碗中，又溅到脚下的潭里，总不能盛满碗。再如清清的小溪旁，有一只石雕大虎，两只前爪抓着水边的石块，引颈探腰，嘴唇刚好没入水面，那气势好像要吸尽百川似的。历代文人墨客都喜爱晋祠这个好地方，山径旁的石壁和殿廊的石碑上，留着不少名人的题咏，词工句丽，书法精湛，为湖光山色平添了许多风韵。

晋祠，真不愧为我国锦绣河山中一颗璀璨的明珠。

注：晋祠又名五祠、大祟皇祠。据史书记载，原是西周王次子、晋国开国君主叔虞的祠堂。1500 多年前已建此祠。经历代不断修葺、扩建，祠内形成各具特色的殿堂、亭台、楼阁百余座，并以轴线分布，组成紧凑而庞大有序的建筑群体，为世所罕见，是研究古代建筑的最好实例。晋祠不仅历史悠久，而且在建筑风格、文物古迹、艺术创造方面都有独到之处。

第四节 建筑景观之 楼阁

木构建筑叠而为重者，称为楼阁，又叫重楼、重屋。后世的宅院中的楼阁除居住外，一般用于宅院防卫，称为望楼。城市里还有谯楼、市楼、碉楼和角楼；阁，比楼轻盈，为四坡顶而四面开窗的建筑物，楼阁的兴起与干阑建筑有关系。史前人类从树居到巢居再到干阑，成为中国原始建筑的两大体系之一。最早的原始干阑可见于距今约 7000 年的浙江余姚河姆渡。至今仍在建造，主要分布在南方滇、贵和两广等省；邻国日本及东南亚国家也在使用。欧洲史前建筑也有干阑，常被称为桩上建筑、水上建筑或湖居，以瑞士最多，大多存在于沼泽地带或湖区。干阑建筑的进一步发展则将桩柱与屋柱合而为一，构成稳固的整体结构。

高大的楼阁，最能体现出拥有者的尊严、权势和财富，因此，历代帝王和权贵们纷纷大修楼阁。中国传说中的第一座道观，是公元前11世纪建在终南山北麓的一座草楼，叫楼观台，是为迎候神仙降临而建的。至今仍是一处道教圣地。秦朝，皇家修了齐云楼；汉朝，武帝修建了一座楼，全由上好的大木筑成，高达五十余丈，雄伟壮观，可谓当时的“摩天大楼”。两汉之交，中国建筑结构趋于成熟，楼阁的风行即是一个重要标志。高台建筑渐趋沉寂，更为先进的楼阁建筑取而代之也属必然，这既是建筑技术的提高，也为建筑艺术拓宽了新天地。

人类的文化精神，特别重视人与自然的融洽相亲，中国“天人合一”的观念为此种精神的极致。楼阁最能体现这种特色。天苍苍，地茫茫，在广袤无垠的大自然中，人类不满足于一时之地，不再局限于自身，而需要与天地交流、对话、沟通，以获得一种精神升华的体验。楼阁的建造是人类运用现实的手段来体现自己对理想追求的一种方式。

中国的楼阁与欧洲古代的楼房有明显的不同，欧洲古代的楼层用砖石砌造，窗子不大，楼外没有走廊，内外隔绝。中国的楼阁则是相对开敞，楼内楼外空间流通渗透；水平方向的层层腰檐、平座和栏杆大大减弱了竖高体形一味向上升腾的动势；屋面凹曲、屋角弯翘，避免了僵硬、冷峻，与大自然融合在一起，仿佛成为天地的一部分。中国式的楼阁与印度的窣堵波联系在一起，则形成中国式的佛塔。

楼阁的艺术。历史上享有盛名的楼阁大多具有观赏性质。一般都建造在风景名胜地或园林之中，常选址于城市边缘，或临江或面湖，适合远眺，宜于观景。“轩盈高爽，窗户邻虚，纳千顷之汪洋，收四时之烂漫”（计成《园冶》）。或独自成一景观，或与周围环境、建筑互相辉映。一般都与城市有着密切的联系，在尺度造型等方面都经过精心的构思和设计。与自然相呼应，补充了自然之美，自身也成为观赏的对象；与人的精神相融合，构成楼阁的人文精神。许多楼阁成为历代文人墨客“借景抒怀”之所。有楹联诗赋为证，具有丰厚的文化积淀。“独上江楼思渺茫，月光如水水如天”。许多的诗文正是传达了楼阁的人文精神。如“白日依山尽，黄河入海流；欲穷千里目，更上一层楼”（唐·王之涣《登鹳雀楼》）。“落霞与孤鹜齐飞，秋水共长天一色”（唐·王勃《滕王阁序》）。著名的楼阁有：黄鹤楼、滕王阁，还有虎丘的冷香阁、狮子林的问梅阁等。颐和园万寿山上的佛香阁连台基高达41米，是我国现存最高的楼阁。

楼阁的种类很多。从建筑材料上分，有纯木构楼阁、砖木混筑楼阁、石筑楼阁（如碉楼）、砖石混筑楼阁（如长城敌楼）以及金属铸造的楼阁（如宝云阁）等等。从构造上分，有高台式建筑、多层木构楼阁建筑等等。从外形上分，有的呈正方形或长方形，有的呈圆形，有的呈十字形，有的呈六角形或八角形，还有的为四方形和八角形交叠在一起的复合形（如成都崇丽阁）等等。从数量上分，有所谓的二层楼、三层楼、四层楼、五层楼等等。

楼阁的用途也很广。第一是住人。楼是一种二层以上的房屋建筑；阁又是传统建筑中楼的一种。它们的第一大用途便同所有的房屋一样——住人。城楼上可以住人，箭楼上可以住人，藏书楼上可以住人，就是修建在长城城墙上的敌楼，不但存粮、藏武器，同样也可以住人。在我国特别是江南的许多民居中，有一种被叫做走马楼的二层楼房建筑，就是专门用来住人的。在古代，还有一种被称为秀阁的建筑，那是妇女们居住的地方。苏州拙政园中的倒影楼，就是这样的建筑。可见，凡楼阁，均可住人。

第二，储存物品。长城的敌楼，可以存粮、藏武器；城楼、箭楼、角楼、闸楼，也可以存粮、藏武器。天一阁、文渊阁、文津阁等，就是专门收藏、保存图书档案的。许多佛教寺庙中都建有藏经楼或藏经阁，这也是专门用以收藏、保存佛教经书的。

第三，军事防御。瞭望监视敌情，抵御外来入侵者，这是城楼、箭楼、角楼、闸楼、阙楼、敌楼、碉楼等的主要用途。为达到以上的目的，这些楼阁都修建得特别高大、结实，有的还增添了许多防御设施。比如，山海关东门城楼迎敌的一面和两侧，均设有箭窗，楼门外还增修了瓮城和罗城；北京的正阳门城楼之前，修建了一座高大结实的箭楼，在箭楼和城楼之间，又由两侧的城墙构成了一个瓮城，这就大大增加了城楼的防御能力；在西安的南门，不但有城楼和箭楼，在箭楼之前又增筑了一座闸楼（阙楼），三楼之间又用围墙构成了两座瓮城，防御能力更为加强。耸立在四川阿坝藏族自治州境内的藏寨、羌寨中的碉楼，都是用石料修成的，高达二三十米。这是那里的村民昔日用以瞭望敌情、抵御来犯者的专门建筑，至今巍然屹立。

第四，报时。日晷和铜壶滴漏，是古人的计时器。钟和鼓，是古代人们常用的报时器。搁置钟和鼓的地方，就是钟楼和鼓楼。在古代，钟楼和鼓楼的建筑非常普遍。今天，北京、西安的钟楼、鼓楼，南京、大同、辽宁兴城的鼓楼等，都是古代留下来的报时性建筑。

第五，供神、祭神。由于人们对神的崇拜，人们往往修建高大的楼阁，供奉祭祀神像。北京雍和宫万福阁、蓟县独乐寺观音阁、承德普宁寺大乘阁、正定隆兴寺大悲阁、广西容县真武阁、山西运城春秋楼等，均系这类建筑。

第六，登高望远、观赏风景。这类楼阁古代修建了不少，今天保存完好的也还有很多。浙江嘉兴、河北承德的烟雨楼，昆明大观楼，扬州平远楼等，均系这类建筑。在江苏吴江县同里镇退思园后花园中有一座高楼，名叫览胜阁。过去，妇女们不能面见外人，所以不得游逛花园，这座楼房就是为她们赏景修建的，至今保存完好。武汉市的黄鹤楼、岳阳市的岳阳楼，最初属于军事建筑，用于观察敌情。以后，它们的军事用途逐渐丧失，而楼又立于江边、湖边，体量高大，便成了登高赏景的建筑了。

第七，倡导文教、鼓励学风。贵阳甲秀楼、成都崇丽阁、扬州文昌阁，以及各地修建的魁星阁、文昌阁，均是这种用途的建筑。

第八，娱乐。这就是戏楼，如北京故宫畅音阁、颐和园德和园大戏楼。

除此之外，汉朝建有麒麟阁，唐代建有凌烟阁，这是为张挂功臣们画像用的。现在侗族地区还有一种鼓楼，是聚会、娱乐的场所。在伊斯兰教寺院中还有一种专门用来呼唤教徒们做礼拜用的建筑，这就是拜克楼。在许多城市中，还保留不少过街楼的建筑，楼下有高大的城门洞，可通行人马。

当然，每座楼阁的功能并不是单一的，有的楼阁同时兼有几种用途。西安的钟楼和鼓楼，下有高大的门洞，可通人马，报时又兼作过街楼。山西介休的祆神楼，楼下有门洞，楼上有戏台和神殿，既可供神、演戏，又兼有过街楼的用途，同时还是寺庙的山门。

与其他传统建筑一样，楼阁的建造与

设计也遵循着坚固、实用、美观的共同原则，但又具有其独特之处。一般说来，用于军事的，都建造在高大的城台上。如北京的正阳门城楼、长城山海关、嘉峪关城楼等。供佛用的楼阁，中腹为空筒式，以便容纳高大的神像。观景用的楼阁，外形美观，与周围环境相协调，可走出屋外，登高观赏四周的景色。用作藏书用的楼阁，屋前挖有水池，意在防火。如北京文渊阁、宁波天一阁。古文认为"天一生水"、"地六成元"、"以水克火"，从结构到环境都体现了中国古代传统哲学思想。以上是"以用定制"。古代的楼阁中还有以奇特的造型取胜的，如山西介休的祆神楼，从前面看去是一座过街楼，从后面看去是一座山门，从侧面看去又是两座连体楼阁，令人称奇。

河北承德普宁寺大乘阁，正面为六层，两侧为五层，背面却是四层，人称"三样楼"。

四川成都崇丽阁，共为四层。下两层为四角，浑厚庄重；上两层为八面，玲珑小巧。这种形态，体现了我国北方建筑艺术与南方建筑艺术的巧妙结合。

北京雍和宫万福阁，左右各有一阁，其间以飞廊相连，状似凤凰展翅。这种形态实不多见。

北京故宫角楼，下部楼体较为高大，上部屋檐折角，山花向外，飞檐凌空，有的还有抱厦（或龟须座），上有十字攒尖屋顶，这种造型，酷似一篮鲜花，百看不厌。

楼阁也有极具科学价值的，如天津蓟县独乐寺观音阁，由两排檐柱支撑着。各檐柱之间和两排檐柱之间以短拱和斜撑相连，构成一个完整而富有弹性的屋架。同时，檐柱下端的距离和檐柱的高度比例适度。这样，即使遇到大风或地震的袭击，阁顶摇摆，幅度甚至达一二米，阁体也不会偏离重心。这种结构，使观音阁成了我国古建筑物中的"抗震英雄"。

山西运城解州关帝庙中的春秋楼，共分两层。上层檐柱的上端，承受着楼顶的全部重量，下端则雕为莲瓣，悬于下层，其重量则由下层挑出的横梁，转压在下层的檐柱上。这种挑梁悬柱的建筑结构，在我国古代大型建筑中很为少见。

广西容县真武阁共分三层。其二三层中间的四根金柱和楼板并不相连，而是悬空的。这四根金柱分别通过穿过檐柱的横木与檐头相连，檐头和金柱通过檐柱保持平衡。这样，檐柱就成了它们的支撑点。这种天平式的建筑，在我国的古代建筑中十分罕见。

飞云楼的通天柱、春秋楼的斗拱等，它们在设计和构筑中各具特点，在我国建筑发展史上具有一定的研究价值。

黄鹤楼

黄鹤楼在湖北武昌长江南岸，为我国四大名楼之一，素有"天下江山第一楼"美称。相传始建于三国时（223年），文献则以《南齐书》为最早。唐代黄鹤楼名声始盛。《元和郡县志》记载："吴黄武二年，城江夏以安屯戍地也。城临大江，西南角因矶为楼，名黄鹤楼。"唐代诗人崔灏《登黄鹤楼》诗云："昔人已乘黄鹤去，此地空余黄鹤楼。"宋画《黄鹤楼》再现了宋楼的面貌。图中黄鹤楼坐于城台之上，台下绿树成荫，远望烟波浩渺。中央主楼两层，平面方形，下层腰檐左右出为歇山面向前的龟头屋，前后出中廊与配楼相通。上层屋顶为十字歇山，突出于众屋之上。两座配楼横在主楼前后，均单层，覆重檐歇山顶。所有各楼与城台之间都有斗拱平座。全体屋顶错落，翼角嶙峋，气势雄伟。宋以后，黄鹤楼曾屡毁屡建，光绪十年毁于大火。1985年重建。楼共五层，高51.4米。

[名楼·名文]　唐　阎伯瑾《黄鹤楼记》

州城西南隅，有黄鹤楼者。《图经》云："费祎登仙，尝驾黄鹤，返憩于此，遂以名楼。"事列神仙之传，迹存述异之志。观其耸构巍峨，高标宠（巃）嵸，上倚河汉，下临江流，重檐翼馆，四闼霞敞；坐窥井邑，俯拍云烟，亦荆吴形胜之最也。何必赖乡九柱，东阳八咏，乃可赏玩时物、会集灵仙者哉！

刺史兼侍御史、淮西租庸使、鄂岳沔等州都团练使河南穆公名宁，下车而乱绳皆理，发号而庶政其凝。或逶迤退公，或登车送远，游必于是，宴必于是。极长川之浩浩，见众山之累累。王室载怀，思仲宣之能赋；仙踪可揖，嘉叔伟之芳尘。乃喟然曰："黄鹤来时，歌城郭之并是；浮云一去，惜人世之俱非！"有命抽毫，纪兹贞石。时皇唐永泰元年，岁次大荒落，月孟夏日庚寅也。

注：黄鹤楼上倚河汉，下临江流的雄姿，以及登临远眺长川、群山，令人顿生极目骋怀之感。楼与地理环境融为一体。

滕王阁

滕王阁在江西南昌赣江之滨，初为唐滕王李元婴于永徽四年（653年）建，以其封号命名，自王勃名篇《滕王阁序》出，乃名满天下，后经历代重修重建达二十八次，唐宋旧迹早已崩坍入江。今存宋画《滕王阁图》是现知最早的滕王阁图书，反映了宋阁的形象，其体态之雍贵，结构之精丽，绝非后代重建者所能媲美。从《滕王阁图》所见，阁立于高处城台之上，为纵横两座二层楼阁丁字相交，都是重檐歇山顶。横阁两层，下有腰檐，上覆重檐歇山。左右出两层高的配阁，单檐歇山，下层并出小雨披。纵阁上层亦重檐歇山，下层前端向江面伸出横向单层抱厦，单檐歇山。此阁共有二十八个内外转角，结构轻巧，造型华美，阁内各层虽硕柱林立，但空间宽敞流通，上下楼层又有平座栏杆，便于眺望，江波浩渺，水天一色，一览而尽有之。1926年焚毁，1989年重建，楼阁高57.5米。

［名阁·名文］　唐　王勃《滕王阁序》

豫章故郡，洪都新府。星分翼轸，地接衡庐。襟三江而带五湖，控蛮荆而引瓯越。物华天宝，龙光射牛斗之墟；人杰地灵，徐孺下陈蕃之榻。雄州雾列，俊彩星驰。台隍枕夷夏之交，宾主尽东南之美。都督阎公之雅望，棨戟遥临；宇文新州之懿范，襜帷暂驻。十旬休暇，胜友如云；千里逢迎，高朋满座。腾蛟起凤，孟学士之词宗；紫电青霜，王将军之武库。家君作宰，路出名区；童子何知，躬逢胜饯。

时维九月，序属三秋；潦水尽而寒潭清，烟光凝而暮山紫。俨骖騑于上路，访风景于崇阿。临帝子之长洲，得仙人之旧馆。层台耸翠，上出重霄；飞阁流丹，下临无地。鹤汀凫渚，穷岛屿之萦回；桂殿兰宫，列冈峦之体势。披绣闼，俯雕甍：山原旷其盈视，川泽盱其骇瞩。闾阎扑地，钟鸣鼎食之家；舸舰弥津，青雀黄龙之轴。虹销雨霁，彩彻区明。落霞与孤鹜齐飞，秋水共长天一色。渔舟唱晚，响穷彭蠡之滨；雁阵惊寒，声断衡阳之浦。

遥襟甫畅，逸兴遄飞。爽籁发而清风生，纤歌凝而白云遏。睢园绿竹，气凌彭泽之樽；邺水朱华，光照临川之笔。四美具，二难并。穷睇眄于中天，极娱游于暇日。天高地迥，觉宇宙之无穷；兴尽悲来，识盈虚之有数。望长安于日下，目吴会于云间。地势极而南溟深，天柱高而北辰远。关山难越，谁悲失路之人；萍水相逢，尽是他乡之客。怀帝阍而不见，奉宣室以何年？嗟乎！时运不齐，命途多舛；冯唐易老，李广难封。屈贾谊于长沙，非无圣主；窜梁鸿于海曲，岂乏明时？所赖君子安贫，达人知命。老当益壮，宁移白首之心？穷且益坚，不坠青云之志。酌贪泉而觉爽，处涸辙以犹欢。北海虽赊，扶摇可接；东隅已逝，桑榆未晚。孟尝高洁，空怀报国之情；阮籍猖狂，岂效穷途之哭？

勃，三尺微命，一介书生。无路请缨，等终军之弱冠；有怀投笔，慕宗悫之长风。舍簪笏于百龄，奉晨昏于万里。非谢家之宝树，孟氏之芳邻，他日趋庭，叨陪鲤对；今日捧袂，喜托龙门，杨意不逢，抚凌云而自惜；钟期既遇，奏流水以何惭！呜呼！胜地不常，盛筵难再；兰亭已矣，梓泽丘墟。临别赠言，幸承恩于伟饯；登高作赋，是所望于群公。敢竭鄙诚，恭疏短引；一言均赋，四韵俱成。

注：文思与才情俱佳；景观与人文媲美。现时的滕王阁，景、情、文、理兼而有之。

岳阳楼

湖南省岳阳市西门的岳阳楼，矗立在洞庭湖畔，是江南最著名的楼阁之一，与武昌黄鹤楼、南昌滕王阁并称为江南三大古楼。历来有“洞庭天下水，岳阳天下楼”的盛誉。这里在东汉建安年间，原是屯兵储粮的驿站。三国时，鲁肃建阅兵台，名阅军楼。盛唐宰相张说驻守岳州，将楼台大加修葺，正式定名为“岳阳楼”，孟浩然那首著名的《临洞庭湖赠张丞相》，就是献给张说的。杜甫晚年漂泊湖湘，大历三年，作《登岳阳楼》诗：“昔闻洞庭水，今上岳阳楼。吴楚东南坼，乾坤日夜浮。亲朋无一字，老病有孤舟。戎马关山北，凭轩涕泗流。”这首诗尽情叙写洞庭湖的浩渺无边，吴楚两地被洞庭隔开，天地日月都仿佛浮动在湖水之上，与孟浩然的“气蒸云梦泽，波撼岳阳城”同为咏洞庭的名句。

北宋庆历四年（1044 年），谪守巴陵郡的滕子京，又重新修葺岳阳楼，并请当时主张政治革新的大臣范仲淹修记一篇。后几经兴废，清同治六年再建，整个建筑未用一颗铁钉和一道横梁，构型大方、庄重，保持了宋代建筑风格。

［名楼·名文］　宋　范仲淹《岳阳楼记》

庆历四年春，滕子京谪守巴陵郡，越明年，政通人和，百废具兴，乃重修岳阳楼，增其旧制，刻唐贤今人诗赋于其上。嘱予作文以记之。予观夫巴陵胜状，在洞庭一湖。衔远山，吞长江，浩浩汤汤，横无际涯；朝晖夕阴，气象万千。此则岳阳楼之大观也。前人之述备矣。然则北通巫峡，南及潇湘，迁客骚人，多会于此，览物之情，得无异乎？

若夫霪雨霏霏，连月不开，阴风怒号，浊浪排空，日星隐耀，山岳潜形；商旅不行，樯倾楫摧；薄暮冥冥，虎啸猿啼。登斯楼也，则有去国怀乡，忧谗畏讥，满目萧然，感极而悲者矣。

至若春和景明，波澜不惊，上下天光，一碧万顷；沙鸥翔集，锦鳞游泳；岸芷汀兰，郁郁青青。而或长烟一空，皓月千里，浮光跃金，静影沉璧；渔歌互答，此乐何极！登斯楼也，则有心旷神怡，宠辱皆忘，把酒临风，其喜洋洋者矣。

嗟夫！予尝求古仁人之心，或异二者之为，何哉？不以物喜，不以己悲。居庙堂之高，则忧其民。处江湖之远，则忧其君。是进亦忧，退亦忧。然则何时而乐耶？其必曰“先天下之忧而忧，后天下之乐而乐”欤！噫！微斯人，吾谁与归？

注：文以楼名，楼以文传，诗文与景观密切相关连。岳阳楼与文章一起名扬天下。

昆明大观楼

昆明市在滇池东北。市西有大观公园。康熙二十一年（1682 年），湖北僧人乾印到此讲经，建观音寺，游人渐多，始成游览区。康熙二十九年就寺址建楼二层，南临滇池，题名大观楼。道光八年增为三层，从此成为文人墨客赋诗论文的集会之地，现存楼为同治时重建。是一座三层檐四角攒尖顶的大型楼阁式建筑。大观楼之闻名于世，主要在它楼前门柱上的一副长达 180 字的对联。长联作者孙髯，字髯翁，号颐庵，祖籍陕西三原。康熙至乾隆间人，自幼好学，诗文很有名，自号“万树梅花一布衣”。他广为结交诗人墨客，在大观楼上聚会赋诗，并写出这副长联，惊动一时。昆明大观楼长联的全文是：

五百里滇池，奔来眼底。披襟岸帻，喜茫茫空阔无边。看东骧神骏，西翥灵仪，北走蜿蜒，南翔缟素；高人韵士，何妨选胜登临，趁蟹屿螺洲，梳裹就风鬟雾鬓，更苹天苇地，点缀些翠羽丹霞；莫辜负四围香稻，万顷晴沙，九夏芙蓉，三春杨柳。

数千年往事，注到心头。把酒凌虚。叹滚滚英雄谁在。想汉习楼船，唐标铁柱，宋挥玉斧，元跨革囊。伟烈丰功，费尽移山心力。尽珠帘画栋，卷不及暮雨朝云，便断碣残碑，都付与苍烟落照，只赢得几杵疏钟，半江渔火，两行秋雁，一枕清霜。

这一长联的上联描写滇池景色，登上大观楼，五百里滇池都奔赴眼底。敞开衣襟，戴着头巾，面对着空阔无边的茫茫水色，是何等畅快喜悦。看那东岸的金马山，如同神骏腾跃，西岸的碧鸡山，就像仪凤飞举。北边的螳螂川、普渡河蜿蜒流入金沙江，南边的盘龙江等河流如同雪白的素练在回翔。风韵高雅的人士，不妨挑选胜景登临观览。唐传奇《柳毅传》中的龙女牧羊时，风鬟雾鬓，形容憔悴。这滇池里的蟹屿螺洲，不正像那龙女梳裹成的风鬟雾鬓吗？遍地萍草芦苇，翠鸟在霞光中飞来，又是多美的点缀！千万别辜负了这四围香稻，万顷晴沙，九夏芙蓉，三春杨柳等四时美景！下联结合有关滇池的历史典故，抒发登临大观楼所勾起的怀古之情。这副长联全面概括了滇池的山川地形、四时风光、朝暮景色以及古今历史，辞采清雅优美，意境萧疏悠远，富有情思。“古今第一长联”不但因长而得名，艺术水平也是很高的。

第五节 建筑景观之 亭台

一、亭

亭在园林建筑中都属于小品一类，在古今中外的园林中应用十分普遍。亭子形式各异，流传于世达几千年之久，全世界都可看到“亭”的踪迹。

亭经过精心设计，可以具有建筑艺术价值，也可以和其他园林因素共同组成一定的空间，具有环境艺术价值。许多的名亭都有着文化和历史的积淀，表现出特有的文化内涵。其历史久远，造型独特，既有实用功能，又有很高的文化艺术价值。亭的形式、内容既包括自然景观，更包括人文景观。亭在中国有着 1500 多年的历史，是中国传统建筑中古老的形式之一。“亭，停也，人所停集也”（许慎《说文》）。随着社会的进步和园林建筑事业的发展，促使不同功能的亭逐渐分离。“天下伤心处，劳劳送客亭”（李白诗），说明它既是送客的地方，或供人小憩之处，又是一个具游赏性的亭子。东汉以后“驿亭”、“邮亭”渐废。历史上中国名亭很多，《古今图书集成》中介绍的就有 800 多个。大多数集中在山水秀丽、历史上社会文化长期稳定发展的长江流域。这说明亭的艺术水平与社会文化的发展息息相关，社会稳定、经济发展、文化繁荣，才能创造出高水平的亭的艺术。

在西方，亭子的概念与中国的大同小异。由于时代、地域和文化的差异，中国的亭子在英方中称：“Pavilion”，或者“Gazebo”，或称“Kiosk”。指的是花园里的或开阔地上的一种轻便的或永久性建筑物。亭子形式多样，但都是形状简洁、底处开敞，上端有顶盖的小建筑。在老式花园中有各式各样的装饰性亭子。路边供休憩的称作“Pavilion、Wayside”。17 世纪英国哲学家培根则将中国的凉亭称为“Gazebo”，即观景台的意思。伊斯兰教建筑中的圆亭，则被称为“Kiosk”。

古埃及的园艺十分发达，从阿米诺菲斯（公元前 1500 年）三世时代某大臣府邸的庭园壁画中，我们可以看到，高墙合围的方形庭园中，周边栽有成排的埃及榕、柳枣、棕榈等热带植物，中有矩形的水池，池旁就有方形的亭子。埃及古代园林的某些形式，对罗马园林和文艺复兴时期的意大利园林都有深远影响。

公元前四世纪，古希腊雅典的“奖杯亭”受到推崇。该亭高 3.86 米，圆形，其方形基座高 4.77 米，造型简洁、明快，具有典型的西方亭子风格（图 3-6）。在罗马也有出色的亭子，如阿德良离宫（114～

138 年)，园林中的亭子在以罗马柱式为构图手法的基础上，创造出一些新颖别致的亭子造型，丰富了罗马帝国的建筑文化。Casino 即园亭，在世纪初是规模较大的园亭，由 2～3 间房屋组成。功能是为游戏、宴会、休息等用途而设。Cubiculum 是一种小园亭，最初也是为休息而建造的。在庞培有一种就餐的小园亭，称作 Diclinous，开敞无墙，顶部爬满常春藤。

图 3-6　奖杯亭

中世纪 Arbor 一词是指凉亭、绿廊的意思。有一种凉亭是板条式结构，敷满长青藤或玫瑰。16 世纪初又发展为游廊或绿色隧道。文艺复兴初期在意大利出现过古雅的凉亭。当时认为理想的庭园，不能缺少植物藤蔓，而用月桂树、西洋杉编成古雅的凉亭，成为庭园景观中的有机组成部分。受此影响，荷兰、德国、英国等地，园亭乃是庭园中常见物。一般园亭是用砖瓦和石材建造，遮风避雨，坚固美观，附属园亭是用木材或造型植物构成。德国的“无忧宫”仿法国凡尔赛宫而建，为 18 世纪德国建筑的精华。园内除大型喷泉和精美雕像外，引人注目的还有一座六角亭，被称作“中国茶亭”。亭子采用了中国传统的壁画、金黄柱、伞状盖顶，连亭内的桌椅一如东方样式。18 世纪后半期，德国君主竞相建造庭园，海伦豪森宫殿庭园中各处都建有罗马风格的小园亭。英国的地方绅士非常喜欢在园内建造既美观又牢固的园亭（Garden house)，既为装饰物，又是遮风避雨的处所。19 世纪以后，欧洲陆续有新的亭子出现。

阿拉伯庭园受波斯文化影响很大。一般波斯庭园多为矩形，两条道路相交，将庭园分成四个部分，在交叉点作池或建凉亭，这成为欧洲庭园的原型。

印度是文明古国。资料表明，在当时庭园构成要素中，水居首位，而凉亭也是不可缺少的，因为它兼有装饰和实用的功能。新德里市南部的库塔布塔高 72.56 米，由 20 多根圆柱组成赫红色圆形塔身，是印度国内最高的塔。1828 年在顶端修建了一个土耳其式圆顶凉亭。1848 年又将亭移到塔东的草坪上，成为一景。印度最大的清真寺贾士马寺两侧，各有一座用红砂和白色大理石交错砌成的拜塔，塔内有 130 级台阶，塔顶有八角形白色大理石凉亭，可俯视新德里市区。

日本从汉代起受中国文化影响。平安时代（相当于中国唐末至南宋中叶)，很多的贵族大造庭园，其中有称为花亭的。有“日本之美”之称的京都桂离宫，是日本民族建筑的精华，庭园中有松琴亭、赏花亭、竹木亭等。著称于世的金阁寺北侧有夕佳亭。根据中国文人范仲淹的“先天下之忧而忧，后天下之乐而乐”名句意境取名的“后天园”，为典型的日本式池泉回游式庭园，园内有延养亭。

朝鲜平壤八景之一的练光亭，以其独特构造成为当时的代表性建筑。亭位于大同江畔，是在公元 1111 年修建的山水亭的基础上，于 16 世纪初修建的，屡次毁于战火。现为抗美战争结束后重建之亭。亭分为南北两栋：南栋是圆柱，上有两翼斗拱；北栋是单翼斗拱，两个相连的飞檐式屋顶。亭内有许多匾额和楹联。临江两根柱上的对联是“长城一面溶溶水，大野东头点点山。”“第一江山”的匾额为中国明朝驻朝使节的笔墨，至今悬挂在亭中，与中国文化的渊源关系由此可见。

另外，东南亚各国的各式亭子很多，既有中国文化的影响，又体现了各自的民族特点。

亭的构造艺术：从一般的造型要素来分析，首先是线。线条可分为直线、曲线和折线。其审美特征各不相同；各种线有规则的组合，更带有明显的感情意味。欧洲的一些规整式园林，直线过于突出，给人的感觉不够亲切自然。平顶方形的亭子，横、竖直线太多也会产生疏远感。曲线柔美、生动、有动感，中国传统坡顶式亭子，特别是江南园林中的亭子顶，曲线坡度相当大，显得活泼有生气，为西方庭园中的亭子所无法比拟的。

亭有大有小，体量的大小决定于周边的环境。大的如北京颐和园中的“廓如亭”，面积达130多平方米；小的如埃及开罗刚建的中国园中的汉白玉石亭，六角攒顶，总高只有2.85米。

亭的形状有：圆形、扇形、三角形、四方形、五角形、六角形、梅花形、海棠形等。亭子的顶有二重檐、三重檐、卷棚、歇山、盔顶、露顶、平顶等。现代园林中的亭子，体型超小，形式多种多样。

亭的质地有：在我国传统中多为木质。木构的亭子形体变化多，结合雕刻、油漆、绘画、书法等艺术，更富于装饰性。素木构成亭子更接近自然，还有用竹子造亭的。石材构成的亭子，材质坚固，传之久远，常用于纪念性的亭子。木、石结合建亭也比较多见，如苏州沧浪亭；以石板代瓦作亭顶的有北京植物园中六角亭。国外砖石类亭子较为普遍，全砖造亭，跨度受制约，以砖作亭的如日本东京中央公园八角砖亭。以铜作亭的比较少见，北京颐和园、武当山、泰山等地有。还有钢构、混凝土及混合结构。随着科学技术的进步，人们不断开发出新材料，构造各式各样的亭。

亭的组合：为加强景观效果，设计师构建亭子，有时不限于单个独体，而是用二亭、三亭甚至多亭巧妙组合在一起。二亭组合的如南京煦园鸳鸯亭（套方）、北京万寿亭（双桃形）；三亭结合的有：杭州平湖秋月亭等。在设计建造时还要考虑与周围环境相谐调，人的活动和亭发生联系之后，亭的建立或存在就不再是孤立的或单一的影响。亭文化中包含着知识、信仰、观念、文学、艺术、科技乃至风土人情等等。亭在其发展过程中，从实用到用美并重，到“美”高于“用”，我们始终把它作为一个整体的综合性艺术结晶来对待。我们不仅仅要重视它的外在美、形式美，对那蕴含在亭的发展过程中的历史、文化、传统，凝结在亭本身之上的艺术、人文等信息，也就是超越了具体物质的“形而上”的东西那才是值得我们予以关注、品味的。丰富多彩的各式亭子，表现了各个民族和各个地区的特色。“群山郁苍，群木荟蔚，空亭翼然，吐纳云气”。一座空亭可以成为山川动荡吐纳的交叉点和山川精神聚积的处所。“江山无限景，都聚一亭中。”苏轼有诗云：“惟有此亭无一物，坐观万景得天全”（《涵虚亭》）。中国的亭建筑体现着宇宙意识。著名的亭有：滁州的醉翁亭、长沙的爱晚亭、杭州西湖的湖心亭、北京的陶然亭、苏州的沧浪亭、绍兴的兰亭等。这些亭形制独特，人文内涵丰富，或自成景观，或辐射其文化艺术魅力，覆盖整个名胜佳境。令人赏心悦目，流连忘返。

杭州西湖湖心亭

杭州西湖外湖有三个岛：阮公墩、三潭印月和湖心亭岛。岛上之亭初称振鹭亭，始建于明代嘉靖三十一年（1552年）。传说这里是当年苏东坡所筑三塔的旧址。明万历二十八年（1600年）改称为清喜阁。当年的清喜阁十分精丽，雕梁画栋，花柳相映，四面湖水盈盈，实是一大胜地。明张岱在《西湖寻梦》里赞美亭的风姿说："游人望之如海市蜃楼，烟云吞吐，恐滕王阁、岳阳楼俱无其伟观也。"明万历后期改称湖心亭，建国前有殿宇、厢房、假山、围墙及湖心亭石牌坊等。1953年重建湖心亭，一层翘角飞檐，黄色琉璃瓦屋面。1977年大修，全岛地面加高，屋顶换新，形式宏丽壮观。站在湖心亭眺望全湖，山光水色，景色宜人。从湖中望亭，水光亭影，宛若蓬莱仙境。湖心亭上历代文人学士留下了不少楹联佳作，如"一片清光浮水国，十分明月至湖心"等。清许承祖有诗赞亭云："百遍清游未拟还，孤亭好在水云间。停阑四面空明里，一面城头三面山。"

北京陶然亭

位于北京陶然亭公园内。亭址在公园内古庙慈悲庵的跨院。陶然亭地区是金中都的东郊水乡，凉水河支流纵横其间，有泉溪缭绕，元、明、清时期不少官僚士大夫在这一带挖湖筑台建私家园林。明、清时还开窑烧砖瓦以供宫殿和城墙之用，烧砖瓦取土后即成水塘。慈悲庵坐落在沼泽地的一个高岗上，登亭可远望西山，近观粉荷绿苇。如《顺天府志》所记："对坐西山，莲花亭亭，阴晴万态。亭之下菰蒲十顷，浅水新绿。凉风拂之，坐卧皆爽，红尘中清凉世界也。"清康熙年间，北边黑窑厂有满汉两籍监督。汉籍监督由工部郎中江藻兼任。江藻是书法家、爱好山水的诗人。他把住处设在慈悲庵内，庵中建三间西厅，取名陶然亭。亭名出自唐代诗人白居易"更待菊黄佳酿熟，与君一醉一陶然"诗句。因亭为江藻所建，故又名江亭。江藻所写《陶然吟》和其族兄江皋所写的《陶然亭记》两块大事石刻都镶在敞厅的南山墙上。江藻自题陶然亭诗后两句是："愧吾不是丹青手，写出秋声夜听图。"可知当时西有流泉，潺潺有声。陶然亭东西两廊楹柱上有一幅楹联。东廊楹柱上是："慧眼光中，开半亩红莲碧沼；烟花象外，坐一堂白月清风。"此联为康熙年间人所作。西廊楹柱上是："烟笼古寺无人到，树依堂深有月来。"为翁同龢重书。陶然亭按其形式来说，是仿古制式。秦汉时亭是最基层的行政机构。那时的亭有实际的使用功能，与后来发展的完全作为游憩的亭不一样。江藻在他的《陶然吟》中写道："每憩西偏意疏豁，遥峰爽气当吾前。帝城近抱若几案，方塘碧水森林泉。凭高俯瞰百里内，南山一带相钩连。于兹卜筑颇轩敞，风光澄淡景物妍。凿基列砌不数武，架楹覆瓦期牢坚。结构虽微可乘性，槐眉小署名陶然。"景观以"城市山林"著称。

长沙爱晚亭

在湖南长沙市湘江西岸的岳麓山岳麓书院后边，清风峡的土丘上。四周皆枫林，春时青翠，夏日阴凉，深秋则枫叶红艳，景色绝佳。亭建于清乾隆五十七年（1792年），原名"红叶亭"，也称"爱枫亭"、"红枫亭"，最后定名为"爱晚亭"。关于亭名有一些有趣的传说。相传古时有一位老人膝下只有一个孙女，家中久穷如洗，爷孙沿街乞讨，饥寒交迫，一天双双昏倒在岳麓山下，奄奄一息的老人想抱一下孙女，刚刚伸出双手，便力竭而死；孙女哭泣不已，泪水染红了满山枫叶。后来老人就变成了岳麓山顶的云麓峰，孙女变成了红叶亭。云麓峰下伸出左右两条山脊，就像两臂要把红叶亭紧紧抱住。

长沙岳麓书院是我国古代四大书院之一，建于清乾隆五十七年。书院院长罗典是一位有名望的经学家，喜爱这里的红枫，在山腰建亭，并亲手题名“红叶亭”。当时在浙江的著名文人袁枚来长沙讲学，在游到红叶亭前，不觉得吟出唐代杜牧的诗：“远上寒山石径斜，白云深处有人家。停车坐爱枫林晚，霜叶红于二月花。”他于吟诗的同时走到亭前对罗典的弟子说，红叶亭名虽好，若能更名爱晚亭，可能与杜牧的诗更协调。罗典闻知后改为现名。

爱晚亭在清同治时重修，宣统时又加整理，抗日战争期间毁于战火。现在的亭子是1952年重新修建。亭檐下匾额是毛泽东同志题字。1968年又重修，亭方形，攒尖顶重檐，上敷孔雀蓝琉璃瓦。亭造型庄重，亭前明柱上悬有对联：“小径晚红好，五百夭桃新种得；峡云深滴翠，一双驯鹤待笼来”。

醉翁亭

在今安徽省滁县城西南六七里琅琊山。庆历六年（1046年），山僧智仙为时任太守的好友欧阳修登山有个休息处，特修建此亭。亭内既可休息，也可饮酒，成了办公的地方，“为政风流乐岁丰，每将公事了亭中”。欧阳修自号“醉翁”，登亭饮酒，并作《醉翁亭记》，苏轼书刻于碑亭，从此闻名于世。醉翁亭曾多次修缮，规模逐渐扩大，整个庭园中包括了一个建筑群。庭园中除有主亭醉翁亭外，还有酿泉、宝宋斋、怡亭、意在亭、影香亭、览鱼亭、醒心亭、古梅亭，还有玄帝宫、六一泉、冯公祠等建筑。宝宋斋是明天启二年（1622年）南京太朴少卿冯若愚建，用于保护苏轼手书《醉翁亭记》的著名碑刻。初刻于北宋庆历八年（1048年），元祐六年（1091年）请苏轼改书大字重刻，文章与书法相得益彰。斋名的由来，按冯若愚云：“宋世所重者晋字，故有蓄字多者，有宝晋斋，我（明）朝文字皆学宋，于元无取焉。宋碑文字之最著者莫如欧公滁二碑”。石碑高24米，宽10米，两块石碑通称“欧文苏书”，堪称二绝。现醉翁亭已扩展成一座小型公园，园内布局极为雅致（图3-7）。

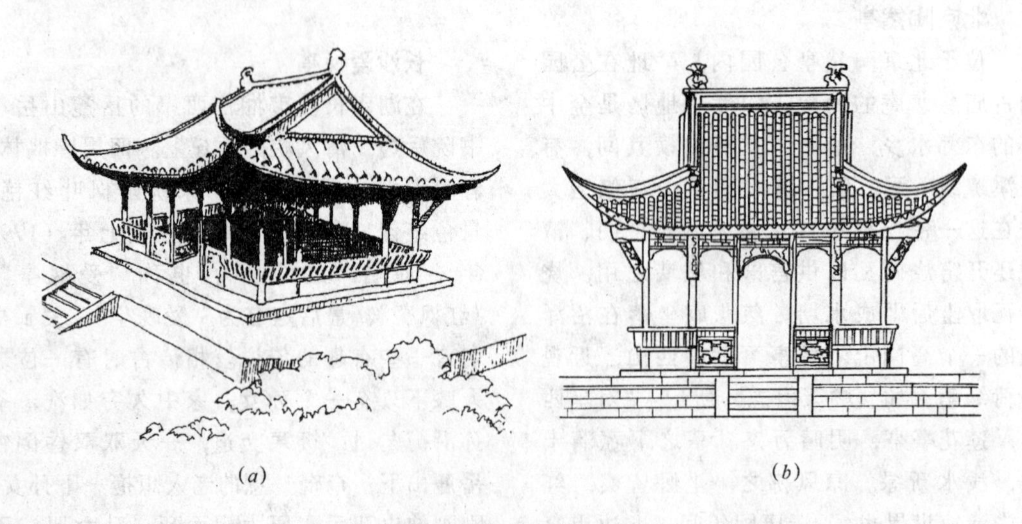

(a)　(b)

图3-7　醉翁亭

(a) 醉翁亭透视图；(b) 醉翁亭立面

欧阳修的《醉翁亭记》中描述的山中景色之美和宾主游宴之乐，表现了寄情山水的志趣和“与民同乐”的思想。

［名亭·名文］　宋　欧阳修《醉翁亭记》

环滁皆山也。其西南诸峰，林壑尤美。望之蔚然而深秀者，琅邪也。山行六七里，渐闻水声潺潺，而泻出于两峰之间者，酿泉也。峰回路转，有亭翼然临于泉上者，醉翁亭也。作亭者谁？山之僧智仙也。名之者谁？太守自谓也。太守与客来饮于此，饮少辄醉，而年又最高，故自号曰醉翁也。醉翁之意不在酒，在乎山水之间也。山水之乐，得之心而寓之酒也。

若夫日出而林霏开，云归而岩穴暝，晦明变化者，山间之朝暮也。野芳发而幽香，佳木秀而繁阴，风霜高洁，水落而石出者，山间之四时也。朝而往，暮而归，四时之景不同，而乐亦无穷也。

至于负者歌于途，行者休于树，前者呼，后者应，伛偻提携，往来而不绝者，滁人游也。临溪而渔，溪深而鱼肥；酿泉为酒，泉香而酒冽；山肴野蔌，杂然而前陈者，太守宴也。宴酣之乐，非丝非竹，射者中，弈者胜，觥筹交错，起坐而喧哗者，众宾欢也。苍颜白发，颓然乎其间者，太守醉也。

已而夕阳在山，人影散乱，太守归而宾客从也。树林阴翳，鸣声上下，游人去而禽鸟乐也。然而禽鸟知山林之乐，而不知人之乐；人知从太守游而乐，而不知太守之乐其乐也。醉能同其乐，醒能述以文者，太守也。太守谓谁？庐陵欧阳修也。

注：寄情山水，有亭为证。亭恰是景“眼”，所有景色尽聚亭中。

［名亭·名文］　唐　白居易《冷泉亭记》

东南山水，余杭郡为最；就郡言，灵隐寺为尤；由寺观言，冷泉亭为甲。亭在山下，水中央，寺西南隅。高不倍寻，广不累丈，而撮奇得要，地搜胜概，物无遁形。春之日，我爱其草熏熏，木欣欣，可以导和纳粹，畅人血气。夏之夜，我爱其泉渟渟，风泠泠，可以蠲烦析醒，起人心情。山树为盖，岩石为屏，云从栋生，水与阶平，坐而玩之者，可濯足于床下；卧而狎之者，可垂钓于枕上。矧又潺湲洁澈，粹冷柔滑。若俗士，若道人，眼耳之尘，心舌之垢，不待盥涤，见辄除去。潜利阴益，可胜言哉！斯所以最余杭而甲灵隐也。

杭自郡城抵四封，丛山复湖，易为形胜。先是领郡者，有相里君造虚白亭，有韩仆射皋作候仙亭，有裴庶子棠棣作观风亭，有卢给事元辅作见山亭，及右司郎中河南元芎最后作此亭。于是五亭相望，如指之列，可谓佳境殚矣，能事毕矣。后来者，虽有敏心巧目，无所加焉。帮吾继之，述而不作。长庆三年八月十三日记。

注：冷泉亭为西湖边一胜景，唐时冷泉流过的灵隐浦水道深广，可以行船，冷泉亭建在水中，赏景最佳。宋以后亭移岸上，傍泉而立。杭州为东南山水之最，灵隐是杭州之尤，冷泉亭又是灵隐之甲。五亭组合成景，也是一奇观。

［名亭·名文］　宋　苏舜钦《沧浪亭记》

予以罪废，无所归。扁舟南游，旅于吴中，始僦舍以处。时盛夏蒸燠，土居皆褊狭，不能出气。思得高爽虚辟之地，以舒所怀，不可得也。

一日过郡学，东顾草树郁然，崇阜广水，不类乎城中，并水得微径于杂花修竹之间。东趋数百步，有弃地，纵广合五六十寻，三向皆水也。杠之南，其地益阔，旁无民居，左右皆林木相亏蔽。访诸旧老，云：“钱氏有国，近戚孙承佑之池馆也。”坳隆胜势，遗意尚存。予爱而徘徊，遂以钱四万得之，构亭北碕，号“沧浪”焉。前竹后水，水之阳又竹无穷极。澄川翠干，光影会合于轩户之间，尤与风月为相宜。

予时榜小舟，幅巾以往，至则洒然忘其归。觞而浩歌，踞而仰啸，野老不至，鱼鸟共乐。形骸既适则神不烦，观听无邪则道以明。返思向之汩汩荣辱之场，日与锱铢利害相磨戛，隔此真趣，不亦鄙哉！

噫！人固动物耳。情横于内而性伏，必外寓于物而后遣。寓久则溺，以为当然；非胜是而易之，则悲而不开。惟仕宦溺人为至深。古之才哲君子，有一失而至于死者多矣；是未知所以自胜之道。予既废而获斯境，安于冲旷，不与众驱；因之复能乎内外失得之原，沃然有得，笑闵万古。尚未能忘其所寓目，自用是以为胜焉。

注：沧浪亭是苏舜钦在宋仁宗庆历五年退居苏州后所建，作者以“冲旷”的态度寄情于园林之乐中，其名取自古代民歌“沧浪之水清兮，可以濯我缨；沧浪之水浊兮，可以濯我足”。文中写

了亭及周围的草、木、山川、各色景物。美妙形胜令人遐思不已。沧浪亭是我国江南现存历史最久的园林之一。

二、台

台，主要是指以实心土台为内核的建筑形式。《尔雅》说："四方而高曰台"，刘熙载《释名》称："台，持也，筑土坚高能自用持也。"土台大多为正方形，沿阶梯状各层台沿附建单坡建筑，至顶处再建一独立木构殿堂。也可在台顶建屋。台上建筑称"台榭"或"榭"。台的用途带有较强的实用性，除登高游玩之外，还有宴请宾客、观舞赏乐、观测天象或操练军队，甚至带有巫术的意味。

一般台的平面多为方形，也有个别的为圆形。汉代有座朝台，"其圆基千步，直峭百光，螺道登进，顶上三亩。"其制庞大可观。特别是"螺道登进"的梯级形式，与西亚古代的观星台十分相似。高台的建造，是人类对建筑的崇高壮美意识追求；木构依赖夯土技术表明，当时的木结构技术还不够先进。随着社会和技术的进步，台被更先进的楼阁所代替。历史上著名的台有楚之章华台、吴之姑苏台、三国魏之凌云台。

[名台·名文]　晋　杨衒之《凌云台》

千秋门内道北有西游园，园中有凌云台，即是魏文帝所筑者。台上有八角井，高祖于井北造凉风观，登之远望，目极洛川；台下有碧海曲池；台东有宣慈观，去地十丈。观东有灵芝钓台，累木为之，出于海中，去地二十丈。风生户牖，云起梁栋，丹楹刻桷，图写列仙。刻石为鲸鱼，背负钓台，即如从地踊出，又似空中飞下。钓台南有宣光殿，北有嘉福殿，西有九龙殿，殿前九龙吐水成一海。凡四殿，皆有飞阁向灵芝往来。三伏之月，皇帝在灵芝台避暑。

注：凌云台，在今河南洛阳市东，建于三国魏初黄二年（221年）。极高峻，上有楼观，建筑十分精巧，登高观景，洛阳一带风光尽收眼底。今已不存。文章对西游园内景物的布局、灵芝钓台的姿态、台前石雕等描述细致传神。选自《洛阳伽蓝记》。

[名台·名文]　清　高拱乾《澄台记》

古者台榭之作，夸游观而崇侈丽，君子讥之。若夫制朴费约，用以舒啸消忧，书云揽物，斯高人之所不废，亦廉吏之所得为也。

台湾之名，岂以山横海峤，望之若台，而官民市廛之居，又在沙曲水汇之处耶？然厥土斥卤，草昧初辟，监司听事之堂，去山远甚，匪特风雨晦明起居宴息之所？耳目常虑壅蔽，心志每多郁陶，四顾隐然，无以宣泄其怀抱；并所谓四省藩屏，诸岛往来之要会，海色峰光，亦无由见。

于是捐俸鸠工，略庀小亭于署后，以为对客之地。环绕以竹，遂以斐亭名之。更筑台于亭之左隅。觉沧渤岛屿之胜，尽在登临襟带之间。复名之曰"澄"。惟天子德威遐被，重译入贡，薄海内外臣民，共享清晏之福。而余振纲饬纪，分扬清激浊之任焉；正己励俗，有端本澄源之责焉。当风日和霁，与客登台以望，不为俗累，不为物蔽，散怀澄虑，尽释其绝域栖迟之叹，而思出尘氛浩渺之外。则斯台比诸凌虚、超然，谁曰不宜？岂得以文逊大苏而无以记之也。

注：澄台，及文中提及的斐亭，均在今台湾省台南市，为古代台湾郡治八景之一。作者造台明志，文章寄寓登台观海、散怀澄虑的境界。

第六节　建筑景观之　塔

塔，产生于印度，是佛教的一种建筑物。梵文称作 stupa，义为"高显"或"坟"。又译为浮屠、佛图等。

从佛经上得知，塔是保存或埋葬佛教创始人释迦牟尼的"舍利"用的建筑物。古印度的塔有两种：一种是埋葬"舍利"、"佛骨"等的窣堵波，属坟冢性质；另一种是"支提"，或"制底"，无舍利，称作庙，即庙塔。

初时的"窣堵波"是由台座、覆钵、宝匣和相轮四部分构成的实心建筑物。后来形制又有变化，台座、覆钵部分增高，宝匣、相轮相对缩小，内部可供佛像。各地的信徒按此形式仿造，顶礼膜拜以示虔诚和信仰，成为一种纪念性建筑物。

公元一世纪前后，这一宗教建筑形式随同佛教一起传入中国，与中国固有的建筑形式和民族文化相结合，有很大的变化和发展。印度窣堵波传入中国后，与我国原有的高贵而显赫的楼阁相结合，出现了楼阁式塔。“下为重楼，上累金盘”。我国第一座佛教寺中的佛塔——洛阳白马寺塔就属此种类型。随着佛教在中国的广泛传播，随着建筑技术和建筑材料的发展和增多，各种形形色色的塔相继出现。从5世纪中叶，直到14世纪晚期，“中国建筑的历史几乎全是佛教（以及少数道教）庙宇和塔的历史”（梁思成《图像中国建筑史》)。

塔的结构 以中国古塔为例，塔的种类繁多，建筑材料和构筑方法也不尽相同，但是，古塔的基本结构却是大体一致的，即由地宫、塔基、塔身、塔刹等组成。

地宫。也称为“龙宫”、“龙窟”。这是印度窣堵波与中国固有的陵墓制相结合的产物，也是古印度塔“中国化”的一个主要标志。在印度舍利只藏于塔内，而在中国则深埋于地下，地宫安放的东西主要是一个石函。石函内有层层的函匣相套，最里一层即为安放舍利的地方。另外在地宫内随葬有各种器物、经卷、佛像等。如雷峰塔之地宫。地宫用砖石砌成方形或六角形、八角形、圆形的地下室。

塔基。是塔的基础部分，覆盖在地宫上。早期的塔基一般比较低，只有几十厘米。也有为了使塔姿高耸威武，加大增高塔基。如西安唐代的大、小雁塔。

唐代以后塔的基础部分有了变化，明显地分为基台和基座两部分。基台即早期塔下较低矮的塔基。在基台上增加的专门用来承托塔身的座子，称为基座。有了基座，塔便显得更加雄伟突出。基台一般无装饰，基座则日趋繁复，成为塔中雕饰最华丽的一部分。如建于辽时的北京天宁寺塔的“须弥座”，呈八角形，建在不太高大的基台上，共有两层束腰。第一束腰，每面砌六个小龛，内刻狮子头。龛与龛之间以雕花间柱分隔。第二层束腰下部砌出小龛五个，内雕佛像。龛与龛之间的间柱上雕饰力士。上部施斗拱，斗拱上承托极为精细的砖雕栏杆。栏杆上置仰莲三重，承托住第一层的塔身。须弥座高度占塔高的五分之一。而后来喇嘛塔的塔基座更为高大，体量占了全塔的大部分，高度占到塔高的三分之一。金刚宝座塔的基座则更是成为塔身的主要部分。在建筑上，坚固稳定，在艺术上，有庄严雄伟之感。

塔身。是古塔结构的主体。塔身的形式因塔建筑类别的不同而各异。塔身内部分实心和空心两种。实心塔内部，有的用砖石砌实，也有的用泥土填塞。空心塔一般来说，可以登临观景，结构较前者复杂得多，建筑工艺水平也高。空心塔有这样几种情形：一是塔身从上到下是一个空筒，内设楼梯、楼板，可供拾阶而上；外设腰檐、平座可以环顾。如杭州六和塔、山西应县木塔。二是塔身内设有中心柱，早期的塔，中有木柱从塔顶直贯到底。三是高台塔身。特别是金刚宝座塔，塔身用砖石建造，中间有阶梯可上登。如北京的碧云寺金刚宝座塔。而喇嘛塔的塔身呈瓶形。总之，塔形多样，异彩纷呈。

塔刹。即平时所称的塔顶。是古塔重要的、所处位置最高的组成部分。在古印度，塔刹仅是窣堵波的表相，结构简单，与中国的楼阁建筑结合之后，塔刹的结构、形式就变得更为复杂、精细和美观。后来“刹”就作为佛寺的别称了。从结构上看，塔刹也就是一座完整的古塔。它由刹座、刹身、刹顶、刹杆组成。刹座是刹的基础，覆压在塔顶上，大多砌作须弥座或仰莲座、忍冬花叶形座，也有作素平台承托刹身。

有的刹身中设刹穴，可供奉舍利或经书等。如北京的妙应寺白塔。刹身是由套贯在刹杆上的圆环组成，圆环亦称作相轮，或全盘，用于敬佛礼。初始相轮的数目多少不定，以后逐渐形成一、三、五、七、九、十一和十三的规律。相轮上置华盖，也称宝盖。宝盖之上为刹顶，一般为仰月、宝珠所组成，也有作火焰、宝珠的。刹杆通贯塔刹的中轴。有金属制的，也有木制的。

塔的功能 古塔原本是埋藏佛舍利的建筑，以后又发展为埋藏高僧遗骸，或供奉佛像的地方。除此之外，还兼有观景望远的功能。具体分析其功能大致有五种：一、埋藏、保存、供奉舍利。这是最基本、也是最重要的功能。佛教弟子为保护、埋藏舍利而创建了塔这种建筑形式，因而相传公元三世纪的古印度孔雀王朝的阿育王，建造了八万四千座塔，分别收藏释迦牟尼的舍利。塔在佛教中的地位是非常崇高的。二、观察瞭望功能。古时高空侦察手段原始，人们只好高筑楼塔以观察敌情。塔不仅高，而且可住歇，易隐蔽，因此在军事上也发挥作用。如我国现存最高的一座古塔河北定州料敌塔，高达84米多，足见当时建塔工程技术之高超。陕西延安宝塔，山西偏关凌霄塔等，在历史上都曾经用于瞭望和防守。三、登高观景。楼阁式塔的出现，更突出了塔的观景功能。为适应这一功能上的变化，工匠们充分发挥聪明才智，对塔的结构作了改进。如门窗开口尽量宽敞，每个楼层使用平座挑出塔身外，设围廊勾栏，便于游者舒适眺览景色。四、导航引渡功能。在江河湖口、岸边，高耸的古塔很是“抢眼”，人们把它们当作导航过渡的标志。如福建马尾的罗星塔，在世界航海图上早已作为重要标志之一。杭州的六和塔刚好处在钱塘江的转折处，起很好的警示作用。浙江海盐资圣寺塔“层层用四方灯点照，东第行舟者，皆望此以为标的焉”。建于桥旁的塔既装饰了桥，还起到引路作用。五、自成景观。在点缀、美化环境的同时，自成景观，与宗教意义无关。大量的风水塔、文风塔、文星塔、文昌塔均属此类。(《中国名塔》)

塔的类型 依照不同的分类标准划分：从塔的平面看，有四方塔、六角塔、八角塔、十二角缽塔等；从层数分，有三、五、七、九层塔等；从建造材料分，有土、石、砖、木、金、银、铜、铁、象牙、琉璃、瓷、陶、砖石、砖木等；从形态分，有楼阁式、亭阁式、密檐式、花塔、覆缽式、金刚宝座式塔等。

塔的建筑材料 凡是能够用来修建宫殿、坛庙、桥梁和民居的材料，都可以用来造塔。有木塔、石塔、砖塔、砖木塔、砖石塔、土塔等，还有铜塔、铁塔、陶塔、瓷塔、琉璃塔、金塔、银塔、象牙塔、珍珠塔等。中国最早修建古塔的材料是木料。

以下简述几种主要的类型。

楼阁式塔 在中国古塔历史中最为久远，体形最大，保存数量最多。它是印度窣堵波与中国高大的建筑相结合的建筑类型。《洛阳伽蓝记》中记载：永宁寺中的九层木构高塔是当时最伟大的建筑。其寺“中有九层浮图一所，架木为之，举高九十丈上有金刹，复高十丈，合去地一千尺。去京师百里，已遥见之。初掘基至黄泉下，得金像三十二躯，太后以为信法之征是以营建过度也。刹上有金宝瓶，容二十五斛。宝瓶下有承露金盘一十一重，周匝皆垂金铎。复有铁锁四道，引刹向浮图四角，锁上亦有金铎。铎大小台一石瓮子。浮图有九级，角角皆悬金铎，合上下有一百三十铎。浮图有四面，面有三户六窗，户皆朱漆。扉上各有五行金铃，合有五千四百枚。复有金环铺首，殚土木之功，穷造形之巧，佛事精妙，不可思议。绣柱金铺，骇人心目。至于高风永夜，宝铎和鸣，铿锵之声，闻及十余里”。隋唐以后，木构塔转为砖石结构，出现了以砖石仿木构的楼阁式塔，因而存世较多。

应县木塔　原名佛宫寺释迦塔。位于山西应县城内西北佛宫寺内，属于楼阁式塔（图3-8）。此塔建于辽清宁二年（公元1056年），修建在一个石砌高台上。台高四米余，上层台基和月台角石上雕有伏狮，风格古朴，是辽代遗物。台基上建木构塔身，外观五层六檐，内则一到四层又有暗层，故实为九层。塔高67.31米，塔刹高10米，是世界上现存最高的木构建筑。塔的底层平面呈八角形，直径30.27米，为古塔中直径最大的。底层重檐，并有附阶。

图3-8　应县木塔

塔的第一层南面辟门，迎面有一高约10米的释迦像，门洞两壁绘有金刚天王、弟子等壁画，门额壁板上所绘的三幅女供养人像尤为精美。这些佛像、壁画为辽代风格。在第一层的西南面有木制楼梯。自第二层以上，八面凌空豁然开朗，门户洞开，塔内外景色通连。每层塔外均有宽广的平座和栏杆。人们可以走出塔身，循栏周绕，环顾应县市容，恒岳、桑干尽收眼底。塔体结构采用内槽柱和外檐柱构成双层套筒，塔内各层使用了中国传统的斜撑、梁枋和短柱等建筑方法，使整个塔连成一个整体，既坚固，又壮观，与现代高层建筑所采用的“内外筒加水平桁架”的结构体系极为相似，被称为“现代高层建筑筒体结构的先驱。”近千年来，木塔曾经历了多次强烈地震的考验，仍屹立不动，说明它的抗震能力很强，被誉为“峻极神工”。它是建筑结构与使用功能设计合理以及造型艺术精湛的典范之作，是中国古代建筑史上的一大奇迹，在世界上也是绝无仅有的。1949年以后，为了保护这一木构奇迹，人民政府多次派专家进行勘查研究，并进行了加固维修。在1974年的维修工程中，发现了一批重要的珍贵文物，其中有采药图和经卷等，均系辽代原物。经卷有手抄本和辽代木板印刷本，有的经卷长达三十余米。经卷年代较早，有统和八年（公元990年）、二十一年（公元1003年）、咸雍七年（公元1071年）的，都为国内外所罕见。

杭州灵隐寺石塔　位于杭州市灵隐寺大殿月台两侧的庭院中，属于楼阁式塔。此塔建于北宋建隆元年（公元960年）。塔全部以白石仿木构建筑雕刻而成，平面八角形，高十余米。塔身上雕刻出门窗、柱子、阑额等木构形式，并刻有精美的佛、菩萨和各种装饰花纹。每层檐下刻出重重斗拱，挑托深远的塔檐，宛如木结构建筑。此塔是吴越国王钱俶为纪念永明大师而建的。在所有宋代建筑中，它应列最早的一批。

杭州六和塔　又名六合塔。位于钱塘江畔，属于楼阁式塔。此塔始建于北宋开宝三年（公元970年）。六和塔初建的时候，规模很大，塔身九层，高“五十余丈”。塔身还装有塔灯，在钱塘江上夜航的船舶，都利用它来作为航标。千余年来，塔身屡遭破坏。北宋宣和三年（公元1121年），由于战争，六和塔几乎全部被毁。到南宋绍兴二十三年（公元1153年）才又重新修建，历时十一年。此后又几次修缮，但塔身仍然是宋代的原构。现在塔内还有宋代重修时的碑记。可惜此塔经光绪年间拙劣的重修，已大大改观，将原来平座层也加了屋檐，成十三檐，六层平座实际不能登临，内容与形式严重脱节。又因平座层比塔身低，各层高矮相间，极为混杂，不符合建筑逻辑，外观十分臃肿。1934年在梁思成主持下进行了六和塔复原研究工作，根据充足，论证严谨，复原后的六和塔底层屋顶和副阶屋顶相续为一，是上部诸层的稳定底座，各檐檐端连线呈微皺的曲线，塔刹高举，在雄伟中不失清秀雅丽，体现出了此类佛塔的原有风貌。

现存的六和塔，平面呈八角形，外观十三层，内部仍为七层，共高59.89米。塔身为砖砌，外檐为木构。塔身内有穿壁螺旋式阶梯，盘旋上登，直到顶层。每层都有方形塔室，用斗拱承托天花藻井。天花藻井用两层叠涩牙子挑砌。在塔壁上，雕刻着人物花卉、鸟兽虫鱼等各式图案花纹，栩栩如生。塔外的木檐加回廊宽阔舒展，登塔的人可以从塔内走出，在外廊上周览江山景色，与钱江大桥构成杭州市标志性景观。

南京金陵大报恩寺琉璃宝塔　位于南京市中华门外长干桥东南，雨花路东，原塔属于楼阁式塔，曾被列为世界中古世纪的一大奇迹。这座琉璃宝塔，是明代初年南京三大佛寺（天界寺、灵谷寺、大报恩寺）之一的大报恩寺内重要建筑物。明成祖朱棣诏令并指派专人负责修建的皇家建筑，庙取名为大报恩寺，塔取名为大报恩寺琉璃宝塔。朱棣不惜工本，对寺和塔的工程，破格特许用皇家宫殿的制度和材料来修建。特派亲信任监工，其中便有著名的郑和。参加修建工程的军匠和服役民夫，达十万之多。这一工程从永乐十年（公元1412年）开始动工，经过了十年的时间才建成。寺内殿宇如皇宫一般。大雄宫殿俗称“碽妃殿”，每年由礼部派人按时祭祀，平时这个殿终年封闭。琉璃宝塔起超度亡魂的作用，更是受到重视，特别把它安排在碽妃殿之后。

塔的工程特别精细浩大，直到宣德六年（公元1431年）才完工，历时二十年之久。据文献上记载，塔高100米左右，八面九层。塔的外壁用白瓷砌成，每块瓷砖中部有一个佛像。每层所用的砖数均相等，但塔的体量自下而上逐层收小，也就是说每层砖的尺寸也要缩小。每层塔檐的盖瓦和拱门都是用五彩琉璃砖瓦修砌。拱门上装饰图案有大鹏金翅鸟、龙、狮子、大象、童男等，形象非常生动优美。第一层的八面还在拱门之间嵌砌了白石雕刻的四大天王像。塔刹作九重相轮，均用铁铸成。当中的相轮最大，分别向上向下收缩。相轮下还有刹座，由上下两个半圆形的莲花铁盆合成，也就是仰覆莲瓣的须弥座。铁盆上镀以黄金，俗称“金球”。相轮上的刹顶，冠以黄金宝珠，用金“两千两”。从塔刹顶上垂下八条铁链，位于塔顶八条垂脊之上，链上各悬风铃9个，共计72个。各层檐角下也悬风铃，共计80个。全塔共计风铃152个。整个塔的建筑真说得上是金碧辉煌，五彩缤纷，光彩夺目。又传说在塔的顶部和地宫内，还藏有夜明珠、避水珠、避火珠、避风珠、避尘珠、宝石珠各一颗，茶叶“一百斤”，黄金“四千两”、白银“一千两”，永乐钱一千串，黄缎二匹，《地藏经》一部。又在塔上置油灯一百四十六盏，特选派了一百多名童男，日夜轮值点灯，称为“长明灯”。油灯的灯芯直径就有“一寸”左右，每昼夜耗费灯油

"六十四斤"。永乐皇帝为了表示对塔的尊重，特亲自为塔题名为"第一塔"。

这座塔的施工，也有特殊之处。据说在施工时不用脚手架，而是用堆土施工的。每修造一层，增加堆土一层，随修随堆，等到工程完毕之后，将土运除，露出塔身。此外，在烧制琉璃瓦、白瓷砖和各种雕饰构件的时候，都是一式三份，以备在施工中有所损坏时，作为补换之用。塔建成后，未用完的构件，都编好号码埋入地下，将来坏了修补时，可以按号寻取。果然，在1958年南京文物部门发现了一大批此塔遗留的构件，上面多带有墨书的编号字迹。

这一被外国人推崇为中古世界奇迹之一的"南京瓷塔"，在19世纪中叶被毁。它遗留下来的五彩琉璃雕饰构件，保存在南京博物馆中。

密檐式塔　也是多层塔。与楼阁式塔不同的是第一层特别高大，以上各层之间的距离十分密集。塔檐紧密相连。这种形制的塔主要分布在北方。现存有名的密檐式塔有北京的天宁寺塔、辽宁北镇崇兴寺双塔，以及河南登封嵩岳寺塔。

登封嵩岳寺塔　位于河南登封县城北，属于密檐式塔。此塔建于北魏孝明帝正光元年（公元520年），是中国现存最早的一座真正的塔，也是惟一一座平面十二角形的塔。全塔除塔刹和基石，均以砖为材料。塔全高39.80米，底部外对角距约10.60米，内径5.00米余，壁体厚2.50米。在比例颇高的塔身上，密密层叠着十五层檐。塔身下的基台低矮而简朴，台上建第一层塔身。第一层塔身特别高大，这也是所有密檐式塔的特点。第一层塔身又以叠涩平座分为上下两段，又四个正面开辟贯通上下两段的塔门。门顶作半圆拱，上饰以尖状砖石。下段的其余八面均为素面平砖，没有任何装饰。塔身上段，为整个塔的装饰最为集中之处，除四个拱门顶上装饰之外，在其余八个面上，各砌出单层亭阁式方塔壁龛，刻作壶门和狮子装饰。龛门之间的十二个转角上，砌出角柱，柱下雕作莲瓣形柱础，柱头雕作火珠、垂莲。第一层塔身以上，叠涩出密檐十五层。每层塔檐之间，距离甚短，几乎分别不出塔身的形状。塔檐之间每面各有小窗一个，龛门旁又隐出直棂小窗。一些龛门与原来内部楼层相配合，作为少量通风和采光之用。有的则只作为装饰、象征塔身层数而已。两旁的小窗则纯为装饰性质。塔刹全部为石制造，在外形上明显分作刹座、刹身、刹顶三部分。刹座是巨大的仰莲瓣组成的须弥座。须弥座上承托七重相轮组成的刹身。刹顶冠以巨型宝珠。这种形式的塔刹一直为后来许多砖石密檐式塔所采用。塔内的结构为空筒式，直通塔顶，有挑出的叠涩八层。原来的楼层当是木制的，现已无存。塔身内部下层与外表一致，同为十二角形，往上直到顶部都是正八边形直井式，中间用木楼板分隔为十层。整个塔的外形，依一条非常和缓的抛物线收分，外轮廓线丰圆而秀丽，传达出内在的勃勃生气。

这是我国现存建筑年代最早的密檐式砖塔。

西安小雁塔　位于西安市南门外友谊路南侧荐福寺内，属于密檐式塔。此塔建于唐中宗景龙元年（公元707年）。小雁塔为方形，十五层，砖砌，高约46米。因塔顶残毁，现高43.30米。塔下是方形基座，座上置第一层塔身，每面边长11.38米。第一层塔身特别高大，南北辟门，以供出入。门框均以青石做成，石制门楣上用线划方法，刻出供养天人和蔓草图案，刻工精细，线条流畅，反映了初唐时期的艺术风格。第一层塔身上的各层檐子之间距离甚小，仅南北辟小窗，供采光通气。所出密檐均以叠涩方法挑出，下面出菱角牙子，菱角牙子上叠出层层略为加大的挑砖十五层，使塔檐呈现向内曲的弧线。这是唐代密檐塔的特点。塔的外形逐层收小，五层以下收分极为微小，自六层以上，塔身外形急剧收杀，使塔上部呈现圆和流畅的外轮廓线。塔身内部为空筒式结构，设木构楼层，有木梯盘旋而上。但塔内空间甚小，光线差，不便向外眺望。由于塔身上所开的小窗，南北相对，上下成串，削弱了整体结构的牢固性，在以后的地震中被分成了两半。虽又被震合，但其牢固性已受到影响。1965 年进行了加固。

小雁塔是密檐式塔的早期作品，后来全国各地的许多密檐式砖石塔都受到它的影响。小雁塔里里外外都保持着唐代初建时的原貌，十分可贵。

花塔 塔身的上半部装饰着各种繁复的花饰，一眼看去好像一个大花束，故名。装饰的内容有花瓣、佛龛，也有各种佛教、菩萨、天王、力士，以及狮、象、龙、鱼等动物形象等。这种塔型体现了古塔从质朴向华丽过渡，从可供登临眺览向纯粹崇拜发展。从中也可看到受印度东南亚等佛教国家对寺塔装饰雕刻的影响。现存花塔全国仅十几处。

亭阁式塔 塔身呈现亭子状，外观多为方形、六角形、八角形、圆形等。此类塔在中国较为普遍，出现也较早。大多是单层，塔身内设龛，供奉佛像等，盛行于隋唐，多作墓塔。具有代表性的亭阁式塔，有山西五台山佛光寺祖师塔和历城四门塔等。

五台佛光寺祖师塔 位于山西五台县佛光寺东大殿的南侧，属于亭阁式塔。关于此塔的建筑年代，无任何历史文献记载，故一直没有定论。但根据其形制和艺术风格分析，应是唐以前所建。根据建筑风格推断，此塔建于北齐。祖师塔平面呈六角形，全部砖砌。外观分作两层，实际上只有下面一层有塔室，上部作为装饰性质。下层塔身正面辟门，六角形塔室内原供二祖师像。塔门的形式为略带扁平的拱券门，顶上用莲瓣形的火焰作为券面装饰。塔身其余五面均为素平，无任何装饰，但自脚至顶有明显的收分。第一层塔檐挑出甚远，先是在塔身上出叠涩一层，砌出每面九枚的单斗一层，其上出一层叠涩和三层密排莲瓣及六层叠涩。檐顶用反叠涩向里逐层收进，整个塔檐显得非常深远厚重。塔的第二层为一六角形小阁形式，先在第一层塔檐上做出简洁的须弥座，座下出方涩四层，上为每面九瓣之覆莲，束腰仿胡床形式，每面作壶门四间，转角置宝瓶角柱。束腰上又出莲瓣三重，以承托第二层塔身。第二层塔身有许多特点：第一是火焰形券面的假券门，两门扇相错，好像半开状。第二是角柱的柱头、柱脚和柱中都以捆束莲花装饰，富有印度风格。第三是第二层塔身的表面用土硃画出一些木结构的装饰，券门内还绘有内门额的痕迹。在西北面直棂小窗上画额枋两层，两枋之间有短柱五根，额枋上绘人字形补间铺作。这种人字形补间铺作，多见于南北朝的石窟雕刻和壁画之中，实物绝少。祖师塔正是一个历史的例证。

塔刹也为砖制，形式特殊。刹的下部以仰莲作为刹座，其上以仰莲一层承托六瓣形宝瓶。宝瓶之上覆莲瓣两层，顶上冠以宝珠。整个塔的造型与艺术独具风格，为古塔中所罕见。它弥补了南北朝中期实物的空白。在北魏的嵩岳寺塔和隋代的四门塔之间，加上这一北齐佛光寺祖师塔，成为中国唐代以前罕存古塔的重要实例，极为珍贵。

历城四门塔 位于山东历城县柳埠村青龙山麓，神通寺遗址东侧山坡上，属于亭阁式塔。此塔建于隋炀帝大业七年，即公元 611 年。四门塔全部用大青石砌成。

塔身的结构非常简洁，平面四方形，边宽7.40米，通高10.40米。塔身四面正中辟门，门作半圆形拱顶。塔身上用石块叠涩挑出五层作为塔檐。挑出之石每层略有增大，使塔檐呈现内凹的弧线。在以后的不少唐塔中，还保存了这一做法。塔顶用石板二十三层向内收叠，成四角攒尖的锥状屋顶，上置石刻塔刹。塔刹本身就是一个宝箧印经塔的样子。下面是一个须弥座，上置蕉叶形插角，正中安设五重相轮的塔刹。这是单层砖石亭阁式塔常用的式样。

塔内正中砌硕大的四方形塔心柱，四周有回廊环绕。塔室顶部以三角形石梁接于中心柱与外墙上，支托上层层顶。在塔心柱的四面有石佛像四躯。佛像皆螺发高髻，结跏趺坐，面容生动，衣纹流畅。佛像座子上原有东魏武定二年（公元544年）题刻，可能是后来从别处搬进塔的。

在我国现存的亭阁式塔和石塔中，这是建筑年代最早的一座。

覆缽式塔 即喇嘛塔，又称藏式塔。这是比较接近印度原型的塔，元时，从尼泊尔传入西藏，并流行于内地，成为古塔中数量较多的一种类型。覆缽式塔的特征很明显，它的塔身部分是一个半圆形的覆缽，在顶上安放高大的塔刹。覆缽之下建一个庞大的须弥座承托。印度现存最著名的佛塔"桑契大塔"即是此种类型。它坐落在一座100米高的小山顶上，由四部分组成：底下是一座4.3米高的圆形基台，台上为实心覆缽状半球体，石块包面，直径约32米，高12.8米。顶上还有栅栏、石竿等物。我国现存最早的一座大型喇嘛塔，是北京的妙应寺白塔。

妙应寺白塔 位于北京阜成门内大街东口北侧，属于覆钵式塔。此塔初建于辽代，重建于元代至元八年（公元1271年），由尼泊尔匠师阿尼罗设计并主持修建。在此以前，这种形式的塔，尚是罕见。

塔由基台、塔身和塔刹三大部分组成。基台三层，上、中两层为须弥座，平面作"亞"字形，形似房屋的四出轩。在转角处有角柱，轮廓分明。据近年修缮时所见，在须弥座的上层平盘挑出部分，均有巨大的圆木承托。这是增强砖石结构的需要。在须弥座式基台上，用砖砌筑并雕出巨大的莲瓣，外涂白灰，塑饰成为形体雄浑的巨型莲座，以承托塔身。塔身为一巨大的覆钵，形如宝瓶，也叫塔肚，外形粗壮稳健。刹座呈须弥座式，"亞"字形如四出轩式样。座上树立着下大上小、非常稳重的刹身，用砖砌成相轮十三重，也就所谓的"十三天"。在"十三天"之上置巨大的铜制宝盖，也称作华盖。宝盖四周悬佛像、佛字及风铎，状若流苏，远远望去亭亭如盖。宝盖之上是刹顶。一般佛塔的刹顶多作仰月或宝珠，而此塔刹顶仍做一铜制小型喇嘛塔，把窣堵波这种佛教信仰的标志作了极高的表现。在这个小喇嘛塔上还保存了一则元代的题刻，是研究此塔历史的重要史料。1979年在维修妙应寺白塔时，发现塔顶铜制小喇嘛塔是由木刹柱将铜制构件分段套接的，塔内埋藏着乾隆所赐的僧冠、僧服、经书和多种文物。在此塔宝盖之下，高悬着一对瓦刀和抹子，是多少年前修塔工匠们留下的遗物。

这是我国现存建筑时间最早、规模最大的一座覆钵式塔。

金刚宝座式塔 与其他独立的塔型不同，金刚宝座式塔是一种群塔组合，由五塔组合而成，即中间一座大塔，四角各一小塔。四小塔与大塔，形制相似，只是瘦直些，高度略低，既通过体量突出主体，又形成互相呼应的关系。其原型来自于印度摩揭陀国公元三世纪建造的佛陀伽耶大塔。现存实物不多，著名的有北京真觉寺金刚宝座塔、甘肃张掖金刚宝座塔等。

真觉寺金刚宝座塔 位于北京真觉寺

内，此塔建成于明成化九年（1473年），为了放置西域梵僧班迪达大国师进贡的金身五佛像，而仿照印度佛陀伽耶的金刚宝座式塔的样子修建的。塔用砖和汉白玉砌筑而成。下为高7.70米的四方形宝座。座子上分建五塔。总高约17米。座子和小塔身上满布着各种图案花纹。塔上所雕刻的主要图案，是金刚界五部部主的五种坐骑动物的形象。此外，塔上还有天王、降龙和伏虎罗汉、菩萨、小佛、佛足迹、三牌、八宝、金刚杵、菩提树、轮、花瓶、莲瓣、卷草花纹以及梵文等雕饰。经调查证实，这座金刚宝座塔仍然是五百多年前的原物。

宝箧印经塔 这种形体比较特殊，中国五代时期吴越王钱镠，仿照印度阿育王建造八万四千塔的故事，制作了八万四千小塔，作藏经之用。因为它的开头很像一宝箧，又内藏佛经，就称为宝箧印经塔，又叫阿育王塔。又因为大多是金属制作，涂上金，所以又叫“金涂塔”。它原是楼阁式塔、亭阁式塔塔刹的形式，后有所改进。这种形式的塔在中国发掘较多，日本也有。引起世人广泛关注的杭州雷峰塔地宫中起出的金涂塔即是此类塔。

另外有几种特殊的塔形，基本上是国外塔与中国古代建筑的有关形式相结合的产物。有过街塔、阙形塔等。

居庸关过街塔座 位于北京居庸关关城之内，是一座大型过街塔的塔座。这座过街塔建成于元代至正六年（公元1346年）。初建的过街塔座上原建有三座喇嘛塔。后来，塔在地震中被毁，又先后兴修了佛教寺庙，到清代康熙四十一年（公元1702年），佛寺被毁，仅余塔座直到今天。塔座用汉白玉石砌成，高9.50米，下基东西长26.84米，南北深17.57米。台顶四周安设石栏杆和排水龙头。台下正中开一南北向券门，可通车马。券顶的形式为半六边形，像“八”字的形状，还保留了唐、宋时期城关门洞的形制。在门洞内和券门两端的券面上，雕刻着各种佛像，并用汉文、梵文、藏文、八思巴文（新蒙文）、维吾尔文和西夏文等六种文字，刻着佛教经咒和《造塔功德记》，十分珍贵。

这是全国现存规模最大、建造时间最早、且又有确切年代记载的过街塔座，非常少见。

景洪曼飞龙塔 位于云南西双版纳傣族自治州景洪县大勐龙。因地处于曼飞龙后山，且塔身洁白，故得此名。又因塔似出土春笋，还被称为“笋塔”。此塔始建于公元1204年。塔由大、小不等的九个塔组成。正中一塔高16.29米，其余八塔各高9.10米，分列于八角之上。塔座之下有佛龛，龛内供奉着佛像。塔身之上还有许多浮雕和彩画。全塔造型奇特，是东南亚国家佛教建筑形式和中国云南边疆民族建筑风格相结合的产物。

福建千佛陶塔 此塔有一对，位于福州鼓山的涌泉寺山门之前。此塔烧造于北宋元丰五年（公元1082年）。东边的一个叫“庄严劫千佛宝塔”，西边的一个叫“普贤劫千佛宝塔”，用上好的陶土烧制，并上紫铜色釉彩，表面光泽明亮，因此又有人称它为瓷塔。塔原在南台岛的龙瑞寺，1972年移至今址。

塔为仿木结构，八角九层，高6.83米，底座直径1.20米。整个塔的造型十分轻巧玲珑，各种结构，如塔身、门窗、柱子和塔檐的斗拱、椽飞、瓦陇等，都是事先按照木结构的形式雕模制作出泥坯之后，上釉烧制的。先用分层逐段烧制的方法烧成，然后按榫口安装。这种方法不仅便于制作，也便于搬迁和装配。塔的装饰非常富丽，在各层塔身上共贴塑了佛像1078尊。塔的基座上塑出金刚力士，有力负千钧的姿态，并塑有奔跑追逐的狮子，还有各种花卉图案，均极生动。各层塔檐转角处的檐下，均悬有风铎，清风徐来，丁当作响，有如音乐一般。塔刹作三重葫芦式，上冠以宝珠。塔座上除刻有烧制年代和塔名之外，还刻有施舍者和烧制工匠的姓名。

在我国现存的古塔中，陶塔甚少。现仅此一对，十分珍贵。

第七节　建筑景观之　桥梁

形形式式的桥梁也是大地景观之一。“智慧的人们站在水边，于是有了桥”，“桥是物化的历史，不朽的丰碑”。出于实际的需要，人们很早就想了许多的办法来解决跨越水道或峡谷的问题。在原始时代，人类是利用自然倒伏的树木，或自然形成的石梁石拱，河溪中突起的石块，山谷岸旁生长的藤蔓等等。至于有目的的伐木为桥，或者堆石、架石为桥始于何时，现已无法详考。

桥梁较之其他建筑，有着更明确的实用目的，技术性也更强。除用作沟通交通之外，桥梁显示了以技术美为主的美学特性，同时对美化生活，装点河山，也具有重要的意义。如：要道处大跨度桥梁的雄伟气势，乡村田野小桥的简朴；梁桥的舒缓平实，拱桥的柔美多姿；石桥的凝重坚实，木桥的灵动轻盈；廊桥的多姿多彩，平桥的质朴实用，等等。不仅展现了功能美、材料美、结构美等技术美等要素，也体现出造型美、工艺美、环境美等人文美因素。可以从多角度把桥作为美的对象来进行审视。在特定的环境及与其他建筑的结合，蕴含有某种精神文化的涵义。如，位于紫禁城天安门前的五座石拱桥，正对着五个门洞，中间一座最大，其他四座依次缩小，与天安门及周围环境如华表、石狮等一起，构成宫殿入口，共同烘托出这一皇权建筑的气势。又如，北京国子监辟雍周圜以水，四面各一小桥；各地文庙前部都有泮池，池上也有小桥，是以此种特殊构图来烘托此类建筑的神圣性。寺庙前部也常有小桥，同样标示了建筑的重要性。园林里的桥梁更是要求与景观有机组合，对造型美的要求更高，与其他园林景观一起，共同渲染出园林的气质。石板小桥贴近水面，对比出水面之大；或多用拱桥，曲柔有致；或平面多折，步移景异等。以上这些桥梁都早已超出了单纯实用的意义，与其说是交通设施，还不如说是景观小品，它们的美，除了技术美以外，同时具备了艺术美的特性。

桥梁按材料分，主要有石桥和木桥两种；按跨数分，有单跨与多跨之别；按形式分，有拱桥和梁桥。拱桥大多是石桥，但也有个别为木构，如北宋《清明上河图》中的汴梁虹桥，称为叠梁木拱桥。梁桥又有平梁与悬臂梁之别。桥面上部可建造廊亭，称为廊桥，构成特别美丽的形象，没有廊亭的则称平桥。叠梁拱桥在明清仍有出现，有些与悬臂梁结合，并大都是廊桥，是桥梁中一种少见却颇有艺术品味的特殊类型。总之，桥梁的形式组合相当多样，以满足不同场合下的不同需要。

桥梁的历史十分久远。据考古报告，新石器时代西安半坡的围沟上有过原始的桥。史料记载，中国在周代已建有梁桥和浮桥，如公元前1134年左右，周文王在渭水上架了一座大桥，“架舟为桥”（《诗经》）。古巴比伦王国在公元前1800年建造了跨越台伯河的木桥，公元前481年，架起了跨越赫斯勒斯旁海峡的浮船桥。古代美索不达米亚地区，在公元前4世纪建造起挑出石拱桥（拱腹为台阶式）。罗马时代，欧洲建造拱桥较多。其中建于公元前62年的法国希里西奥石拱桥，桥有2孔，跨径为24.4米。公元98年西班牙建造了阿再桥，高达52米。此外还建造了许多石拱水道桥，如建于公元前一世纪的法国加尔德引水桥，上下分为三层，最下层为7孔，跨径为16～24米。罗马时代多为半圆拱，跨径小于25米，与中国拱桥的扁墩不同，其墩很宽，约为拱跨的三分之一。11世纪以后，尖拱技术传到欧洲，才开始出现尖拱桥。如法国的阿维尼翁桥（建于公元1178～1188年），为20孔、跨径达34米的尖拱桥。英国的泰晤士河桥（建于公元1176～1209年），为19孔、跨径约7米的尖拱桥。拱桥除圆拱、割圆拱外，还有椭圆拱和坦拱。法国的皮埃尔桥（建于1542～1632年）为7孔石等跨椭圆拱，最大跨径达32米。佛罗伦萨的圣特里塔三跨坦拱桥（建于公元1567～1569年）矢高与跨比为1:7。

古代多为石桥和木桥。石桥的主要形式是石拱桥。

中国早在东汉时期（公元25～220年）就已出现石拱桥，现存最古老的桥也是石拱桥，即河北赵县桥（又名安济桥），建于隋大业年间（公元605～617年），"为隋匠李春之迹也"。安济桥大胆地在世界上首创了大跨弓形拱券式，拱券的弧跨达37.47米，矢高不到弧跨的五分之一，桥面中部宽8.51米。大券和桥面之间满砌，而在两肩各开二孔，称之为敞肩拱或空撞券，具泄水功能，又减轻自身重量，在造型上也起重要作用。唐《朝野佥载》称赞此桥"望之如初云出月，长虹饮涧"；明代诗人云："百尺长虹横水面，一弯新月出云霄"。安济桥建成后，由隋至清各地模仿之作不断，有十余座之多。中国建筑虽以木结构为本位，但安济桥的石结构技术艺术水平，较之以石结构为本位的欧洲建筑并不逊色。大约到马可波罗的时代，中国弓形拱桥技术才被传到欧洲，首次应用当在13世纪末的法国罗纳圣埃斯普特桥，而敞肩拱的做法则要到14世纪晚期才为欧洲人所知。

建于唐代（816～819年）的宝带桥，位于江苏省苏州市葑门外，傍运河西侧，跨澹台湖口，为联拱石桥。全长317米，桥宽4.1米，共计53孔。每跨孔径除北起第14、16孔（6.5米）、15孔（7.45米）外，平均为4.6米。第15孔为全桥弓形弧线的顶点。各孔均可通航，中间三个大孔可通大型船舶。桥两堍接石堤，北堍长23.2米，南堍长43.08米。相传为唐刺史王仲舒将其所束腰带捐助建桥工费，又因桥形远望似宝带，故得名。这座桥设计具有经济、实用和美观的特点。宝带桥风格秀丽，狭长如带，与湖光山色的环境相谐调，具有极高的欣赏价值。宋、明、清代都曾重建。

建于宋代的福建漳州东江桥（虎渡桥），其石梁极为巨大，重达二百余吨，称得上是世界古桥的奇迹。

北京卢沟桥建于金大宝二十九年至明昌三年（1189～1192年），是现存最古老的多孔石拱桥。桥建在永定河上，全长266.5米、宽7.5米，共十一孔。桥面基本水平，便于车马行走，正中一拱跨径略微加大，矢高增加，由此向两头逐渐递减，因而消除了平板的僵直感。卢沟桥最具特色的当数桥上石栏各望柱头上所刻形象各异姿态生动的石狮子。各拱中间龙门石上刻有龙头，"卢沟晓月"为京师八景之一。

苏州阊门外的枫桥，为单孔半圆拱桥，始建于唐。唐诗人张继《枫桥夜泊》诗云："月落乌啼霜满天，江枫渔火对愁眠。姑苏城外寒山寺，夜半钟声到客船。"桥因诗而名于世。现为清同治六年（公元1867年）重建。桥长26米，高7米；桥头有一城楼式建筑，远望之轮廓线起伏多变，又一方正，一弧圆，一稳重，一灵巧，相映成趣。

浙江余姚茗溪桥，建于明代，是三孔半圆石拱桥，体制较大，气势恢宏。桥面顺三孔大小，中间高，两边低，呈缓和抛物线形。桥墩为石砌，墩上两拱间留卵圆形小孔，实用又轻盈美观。

浙江海盐的沈荡大桥是用石发券起拱的单孔拱桥；于城大桥和嘉兴的余新大桥，为三孔拱桥。这三座建于清代的“巨无霸”型大桥，堪称水乡一奇观。

石桥的另一种形式是梁桥。这种桥形式比较简单，即在立柱上安放横梁。如中国汉代的灞桥（距今已有2000多年的历史）。南宋时，泉州先后建造了几十座较大型的石梁桥，其中以洛阳桥和安平桥为最著名。洛阳桥，又名万安桥，公元1053年动工，1059年完工。据主持建造的蔡襄《万安桥记》所载：“垒址于渊，酾水为四十七道，梁空以练，其长三千六百尺，宽丈又五尺。翼以扶栏如其长之数而两之，靡金钱一千四百万。”足见其工程规模浩大，耗资不少，对交通及经济发展有极大作用。现存桥为清时重建。全桥共48孔，长540米，计及两端桥堤将达834米，桥每孔有花岗石梁7根，每根梁高50厘米，宽约60厘米，长11米。桥墩砌体相当庞大。所采用的“筏形基础”，是世界造桥史上的首创实例。另外，有石狮28只。石亭7座，石塔9座，桥堍四角有石柱等。安平桥，又名5里桥。原长2500米，362孔，现长2070米，332孔。桥宽3～3.6米，以巨型石板铺架桥面。桥上建有五座“憩亭”，供行人歇息；两侧水中筑有对称的四方石塔4座，圆塔一座。这座桥是当时世界上最长的梁式桥。浙江绍兴的“八”字梁式桥，建于宋绍兴二十六年（公元1156年），桥下西侧第五根带有长方框的石柱上，刻有“时宝佑丙辰仲冬吉日建”题记，可知是南宋理宗宝佑年间的建筑。处在河道汇流处，主河道南北向，次河道向东流入，沿河为街巷。桥跨主河道上，东端沿河道向南北两方落坡，桥南平面呈八字，故名。《嘉泰会稽志·桥梁》有记载：“八字桥在府城东南，两桥相对而斜，状如八字”。桥高5米，净跨4.5米。此桥体制不大，结构简单，但因其设计结合河道，随势赋形，别具一格。绍兴有各式的桥五千多座，不愧为水乡“桥乡”。

早期的木桥多为梁桥。在西安半坡村距今五、六千年前的原始社会村落遗址中，发现了原始的木梁桥。秦代渭水的渭桥，即为多跨式梁桥。木梁桥跨径不大，伸臂木桥可以加大跨径。中国3世纪在甘肃的安西建有“长一百五十步”的木桥；公元405～418年在临夏建有高50丈的伸臂木桥。八字撑木桥和拱式撑架木桥也可以加大跨径。16世纪意大利的巴萨诺桥即为八字撑木桥。

木拱桥出现也比较早，公元104年匈牙利在多瑙河上建成特拉杨木拱桥，有21孔，每孔跨径为3.6米，日本在岩谷锦川河上的锦带桥为五孔木拱桥，建于公元300年前后，是由中国禅师帮助建造的。中国河南开封的虹桥，建于公元1032年，为宋时最卓越的桥梁作品。桥每跨约20米，矢高约5米，桥宽约8米。桥的构造在实用和造型美观方面都有兼顾。中国在世界上，古木拱桥数量排名第三，仅次于比利时和意大利。

中国在唐代已开始有在桥上建造廊亭的做法，木桥和石桥上均有。廊屋，有的在桥中段位置，有的纵贯全桥，一直到清代，此类廊桥经常出现，成为桥梁建筑艺术中的奇葩。浙江会稽云门寺前有座桥，桥上有丽句亭，唐宋人题诗甚多。桥上建廊，体现了桥梁设计建筑师用、美并重的匠心，既可稳定木构桥梁及防止雨水侵蚀，又可作为过往行人驻足休憩之处，以免日晒雨淋之苦，还可作为商家设肆之所，善男信女供佛之地，更可凭栏观赏风景。廊阁或空灵剔透，或端庄稳重，或古朴粗放，凌空水上，廊与桥和谐融洽，本身也是一道风景。造桥者不只是解决交通问题，同时也是创造艺术作品，表达自己对美好生活的感受。

河北井径桥楼殿桥　约建于宋代。横跨山中险峻处，两岸高达70米。桥下为一大券，跨10.7米，两肩各有一敞肩小拱，各跨1.8米。桥上建有两层的楼，共五开间，设围廊。为福庆寺主殿。桥下有路，阴雨缥渺云雾中，古人有诗“天光云影共桥飞”赞誉之。

南薰桥　在云南宾州川南门外，重建於明嘉靖二十三年（1544）。桥不大，仅单跨，半圆石拱直径约6米，而桥上建筑形体丰富。两端桥门砌砖墙，上覆歇山顶，二门间建一列桥廊，正中凸起桥亭三间，歇山屋顶高耸在桥廊之上，构图颇具匠心。

扬州五亭桥　是一座著名石拱廊桥，在瘦西湖园林区内，是清乾隆二十二年（1757）扬州盐商为迎奉乾隆驾临而建。桥在莲性寺北，“寺址水周四面，形如莲花，后有土埂”（清《重建法海寺记》），桥即在此土埂上，所以又名莲花桥。桥两端各有斜阶上登，阶下各一半拱。桥上平面呈工字形，工字正中置重檐方亭，高于四翼单檐方亭之上，各亭周边置坐凳栏杆，两端各两座方亭之间有廊相连。太平天国时亭廊被焚，光绪时重建。石桥中心券洞跨度最大，“四翼”下各有彼此相通的三个较小券洞。桥连阶道共长55米，沿石桥周边有石砌栏板。此桥的造型意义显然大于其实用意义，结合周围的白塔、莲性寺、小金山和吹台的园林景色，构成一优美景区，是小金山的对景。

浙江泰顺是有名的廊桥之乡。散布在泰顺及周围地区完整的古廊桥达200多座，廊桥之多，形式之丰富，保存之完好，为国内少有。大多为木构，形成特殊景观。

杭州的桥

“烟柳画桥，风帘翠幕，参差十万人家。”西湖上的桥与青山、绿水、翠柳、夭桃、亭台楼阁融为一体，互映成趣，是西湖不可或缺的景观。而西湖上的桥名链接着历史文化和传说，也平添无限意趣。

断桥　断桥之名，始于唐代，大概是因为白堤由此而断命名。唐代诗人曾有句云：“断桥荒藓涩”，说的就是这个地方。宋时，又名宝祐桥。元时称段家桥，元后又有人称“短桥”，是根据吴礼之的“长桥月，短桥月”的诗句而来。因为西湖南面是长桥，于是就把西湖北面的断桥称为短桥，使其对称，这往往是文人好事之果。因许仙、白娘子的故事传说，使得此桥更具浪漫色彩。

西泠桥　据南宋周密《武林旧事》载：西陵桥，又名西泠桥，西林桥，又名西村。其地名源于南齐，因未建桥之前，从北山到孤山一带，要摆渡，古人诗画中所谓：“西村唤渡处”指的就是这里。后为众人接受的西泠桥之名，大概与苏小小有干系。“何处结同心，西泠松柏下”，这环洞拱桥和桥头的慕才亭、苏小小墓应该包含在西泠桥这个名称里。

苏堤六桥　由南而北，曰映波，曰锁澜，曰望山，曰压堤，曰东浦，曰跨虹。据传为著名文人苏东坡任杭州知州时所建。苏堤六桥历来是西湖有名的“苏堤春晓”和“六桥烟柳”的背景。这些桥名，由一个动词一个名词动静结合而成。所谓“东浦”其实是“束浦”之误。桥名始终没有离开湖、山、堤这些地理特征，实在是命名的经典之作。西湖上还有白堤的锦带桥，以及环碧桥、流金桥、卧龙桥、浚源桥、景行桥等，蕴涵着引人遐思的诗意和故事。显然地，西湖上的桥名，多从诗词、楹联、绘画中派生出来。有丰富的文化内涵，充满诗情画意。桥名以景生辉，景以桥名益秀，相得益彰。

古运河上的桥，是运河文化的一大特

色。荷兰首都阿姆斯特丹市，运河桥道交错纵横，运河有一百多条，桥梁有一千多座，为它带来了丰富的游客资源。而杭州古运河上的景观桥应该也有丰富的开发潜力。人们饶有兴味地畅游古运河，欣赏保存下来的民宅古桥，听江南丝竹，体味曾经的小桥流水人家的情怀，当离不开桥这道风景。如拱宸桥建于明崇祯四年（1641年），全长138米，为一孔石拱桥，是古石拱桥的杰出代表之一。所谓拱宸之名有浓厚的历史色彩，“拱宸”即侍奉天子的意思。运河在当年是沟通南北交通的大动脉，“天下粮仓”的粮食从这里源源不断运出，供应北京皇都。拱宸二字不可谓不形象。杭州古城区的桥也是一道人文景观。杭州的中河、东河、贴沙河上有许多古桥，很多桥在南宋迁都前就有了。这里的桥名细说起来就是一部部历史，一段段故事，一种种民俗。如六部桥，以前中央政府机构分为六部，南宋时，六部二十四司官署在桥西，过此桥即进入中央枢密直至大内。元代改为通惠桥，明代称锦云桥，清代复称六部桥。桥东有都亭驿，故亦名都亭驿桥。公元1207年，南宋投降派命礼部侍郎史弥远杀害力主抗金的大臣韩侂胄于此。

［名桥·名文］ 茅以升《中国的石拱桥》

石拱桥的桥洞成弧形，就像虹。古代神话说，雨后彩虹是“人间天上的桥”，通过彩虹就能上天。我国的诗人爱把拱桥比做虹，说拱桥是“卧虹”、“飞虹”，把水上拱桥形容为“长虹卧波”。

石拱桥在世界桥梁史上出现得比较早。这种桥不但形式优美，而且结构坚固，能几十年几百年甚至上千年雄跨在江河之上，发挥交通作用。

我国的石拱桥有悠久的历史。《水经注》里提到的“旅人桥”，大约建成于公元282年，可能是有记载的最早的石拱桥了。我国的石拱桥几乎到处都有。这些桥大小不一，形式多样，有许多是惊人的杰作。其中最著名的当推河北省赵县的赵州桥，还有北京附近的卢沟桥。

赵州桥横跨在洨河上，是世界著名的古代石拱桥，也是建成后一直使用到现在的最古的石桥。这座桥修建于公元605年左右，到现在已经1300多年了，还保持着原来的雄姿。到解放的时候，桥身有些残损了，在人民政府的领导下，经过彻底整修，这座石桥又恢复了青春。

赵州桥非常雄伟，全长50.82米，两端宽9.6米，中部略窄，宽9米。桥的设计完全合乎科学原理，施工技术更是巧妙绝伦。唐朝的张嘉贞说它“制造奇特，人不知其所以为”。这座桥的特点是：

（一）全桥只有一个大拱，长达37.4米，在当时可算是世界上最长的石拱。桥洞不是普通半圆形，而是像一张弓，因而大拱上面的道路没有陡坡，便于车马上下。

（二）大拱的两肩上，各有两个小拱。这个创造性的设计，不但节约了石料，减轻了桥身的重量，而且在河水暴涨的时候，还可以增加桥洞的过水量，减轻洪水对桥身的冲击。同时，拱上加拱，桥身也更美观。

（三）大拱由28道拱圈拼成，就像这么多同样形状的弓合拢在一起，做成一个弧形的桥洞。每道拱圈都能独立支撑上面的重量，一道坏了，其他各道不致受到影响。

（四）全桥结构匀称，和四周景色配合得十分和谐；就连桥上的石栏石板也雕刻得古朴美观。唐朝的张鷟说，远望这座桥就像“初月出云，长虹饮涧”。赵州桥高度的技术水平和不朽的艺术价值，充分显示了我国劳动人民的智慧和力量。桥的主要设计者李春就是一位杰出的工匠，在桥头的碑文里还刻着他的名字。

永定河上的卢沟桥，修建于公元1189到1192年间。桥长265米，由11个半圆形的石拱组成，每个石拱长度不一，自16米到21.6米。桥宽约8米，路面平坦，几乎与河面平行。每两个石拱之间有石砌桥墩，把11个石拱联成一个整体。由于各拱相联，这种桥叫做联拱石桥。永定河发水时，来势很猛，以前两岸河堤常被冲毁，但是这座桥从没出过事，足见它的坚固。桥面用石板铺砌，两旁有石栏石柱。每个柱头上都雕刻着不同姿态的狮子。这些石刻狮子，有的母子相抱，有的交头接耳，有的像倾听水声，千态万状，惟妙惟肖。

早在13世纪，卢沟桥就闻名世界。那时候有个意大利人马可·波罗来过中国，他在游记里，十分推崇这座桥，说它“是世界上独一无二的”，并且特别欣赏桥栏柱上刻的狮子，说它们“共同构成美丽的奇观”。在国内，这座桥也是历来为人们所称赞的。它地处入都要道，而且建筑优美，“卢沟晓月”很早就成为北京的胜景之一。

卢沟桥在我国人民反抗帝国主义侵略战争的历史上，也是值得纪念的。在那里，1937年日本帝国主义发动了对我国的侵略战争。全国人民在中国共产党领导下英勇抗战，终于彻底打败了日本帝国主义。

为什么我国的石拱桥会有这样光辉的成就呢？首先在于我国劳动人民的勤劳和智慧。他们制作石料的工艺极其精巧，能把石料切成整块大石碑，又能把石块雕刻成各种形象。在建筑技术上有很多创造，在起重吊装方面更有意想不到的办法。如福建漳州的江东桥，修建于800年前，有的石梁一块就有200来吨重，究竟是怎样安装上去的，至今还不完全知道。其次，我国石拱桥的设计施工有优良传统，建成的桥，用料省，结构巧，强度高。再次，我国富有建筑用的各种石料，便于就地取材，这也为修造石桥提供了有利条件。

两千年来，我国修建了无数的石拱桥。解放后，全国大规模兴建起各种类型的公路桥与铁路桥，其中就有不少石拱桥。1961年，云南省建成了一座世界最长的独拱石桥，名叫“长虹大桥”，石拱长达112.5米。在传统的石拱桥的基础上，我们还造了大量的钢筋混凝土拱桥，其中“双曲拱桥”是我国劳动人民的新创造，是世界上所仅有的。近几年来，全国造了总长20余万米的这种拱桥，其中最大的一孔长达150米。我国桥梁事业的飞跃发展，表明了我国社会主义制度的无比优越。

第八节　建筑景观之　民居

民居是古代建筑景观中数量最大的一种建筑类型。由于世界各地地理环境、气候条件、宗教文化、民族习惯等诸方面的不同因素影响，民居也呈现出千姿百态、丰富多彩的面貌。反映了各个国家、各个民族的文化特色。在中国，因疆域辽阔，自然环境相差很大，建筑材料的多样，以及多民族共居所形成的风俗习惯的差异，使得民居住宅的形式、结构、装饰艺术、色调等等都有所不同，各具特色：北京的四合院、上海的石库门、江浙的水乡民居、徽州古民宅、豫西天井式窑院、客家的土楼、傣家的竹楼、苗族的吊脚楼、草原的蒙古包、黎族的船形屋、哈尼族的蘑菇房、羌族的碉楼、佤族村寨等等。

安徽民居　南宋迁都临安，大兴土木，筑宫殿，建园林，不仅刺激了徽商从事竹、木、漆经营，也培养了大批徽州工匠。徽州是“文化之邦”，徽商致富还乡，也争相在家乡建住宅、园林，修祠堂，立牌坊，兴道观、寺庙，从而开始和形成有徽州特色的建筑风格。古村落选址一般按照阴阳五行学说，周密地观察自然和利用自然，以臻天时、地利、人和等诸吉咸备，达到“天人合一”的境界。村落一般依山傍水，住宅多面临街巷，粉墙黛瓦，鳞次栉比，散落在山麓或丛林之间，浓绿与黑白相映，形成独特的风格。同时有大量的文化建筑，如书院、楼阁、祠堂、牌坊、古塔和园林杂陈其间，使得整个环境富有文化气息和园林情趣。站在高处望村落，只见白墙青瓦，层层叠叠，跌宕起伏，错落有致。在民居的外部造型上，层层跌落的马头墙高出屋脊，有的中间高两头低，微见屋脊坡顶，半掩半映，半藏半露，黑白分明；有的上端人字形斜下，两端跌落数阶，檐角青瓦起垫飞翘，在蔚蓝的天际间，勾出民居墙头与天空的轮廓线，增加了空间的层次和韵律美，体现了天人之间的和谐。

民宅多为楼房，以四水归堂的天井院落为单元，少则2～3个，多则10多个，最多达24个、36个。随着时间推移和人口增长，单元还可以不断增添、扩展和完善，符合徽人崇尚几代同堂、几房同堂的习俗。民居前后或侧旁，设有庭院和小花园，置石桌石凳，掘水井鱼池，植花卉果木，甚至叠假山、造流泉、饰漏窗，达到和自然谐和一体。在内部装饰上力求精美，梁栋檩板无不描金绘彩，尤其是充分运用木、砖、石雕艺术，在斗拱飞檐、窗棂槅扇、门罩屋翎、花门栏杆、神位龛座上，精雕细镂。内容有日月云涛、山水楼台等景物，花草虫鱼、飞禽走兽等画面，传说故事、神话历史等戏文，还有耕织渔樵、仕学孝悌等民情。题材广泛，内容丰富，雕刻精美，活生生一部明清风情长卷，赋予原本呆滞、单调的静体以生命，使之跃跃欲动，栩栩如生。安徽境内还保存众多的明清祠堂、牌坊，建筑风格也颇具特色，与明清民居称为“古建三绝”。矗立于县城的许国石坊、北岸吴氏祠堂的石雕《百鹿图》和《西湖风景》，大阜潘氏祠堂的“五凤楼”砖雕和《百马图》木雕，分别体现了徽派“三雕”艺术的最高水平。

古民居都保存较好，黟县的西递、宏村是其中的精品。宏村位于黟县城西北角，距黟县县城11公里。该村始建于北宋，距今已近千年历史，原为汪姓聚居之地。古宏村人独出机杼开“仿生学”之先河，规划并建造了堪称“中华一绝”的牛形村落和人工水系，统看全村，就像一只昂首奋蹄的大水牛，成为当今“建筑史上一大奇观”。全村现保存完好的明清古民居有140余幢。民间故宫“承志堂”富丽堂皇，可谓皖南古民居之最。村内鳞次栉比的层楼叠院与旖旎的湖光山色交相辉映，动静相宜，空灵蕴藉，处处是景，步步入画。从村外自然环境到村内的水系、街道、建筑，甚至室内布置都完整地保存着古村落的原始状态，没有丝毫现代文明的迹象。造型独特并拥有绝妙田园风光的宏村被誉为“中国画里乡村”。宏村村中数百幢古民居保存完好，其间以“承志堂”最为杰出，它是清代盐商营造，占地二千多平方米，为砖木结构楼房。此房气势恢宏，工艺精细，其正厅横梁、斗拱、花门、窗棂上的木刻，层次繁复、人物众多，人不同面，面不同神，堪称徽派木雕精品。据史料记载，“承志堂”是黟县境内保护最完美的古民居，到此参观的国内外游客，无不为之倾倒。宏村水系是依牛的形象设计，引清泉为“牛肠”，从一家一户门前流过，使得村民“浣汲未妨溪路远，家家门巷有清渠”。“牛肠”在流入村中被称为“牛胃”的月塘后，经过过滤，复又绕屋穿户，流向村外被称作是“牛肚”的南湖，再次过滤流入河床，十分重视环保，如此水系，堪称中国古代村落建筑艺术之一绝，它吸引了国内外众多的游客和专家。

西递是黄山市最具代表性的古民居旅游景点，坐落于黄山南麓。该村东西长700米，南北宽300米，居民三百余户，人口一千多。因村边有水西流，又因古有递送邮件的驿站，故而得名“西递”，素有“桃花源里人家”之称。据史料记载，西递始祖为唐昭宗李晔之子，因遭变乱，逃匿民间，改为胡姓，繁衍生息，形成聚居村落。故自古文风昌盛，到明清年间，一部分读书人弃儒从贾，他们经商成功，大兴土木，建房、修祠、铺路、架桥，将故里建设得非常舒适、气派、堂皇。历经数百年社会的动荡，风雨的侵袭，虽半数以上的古民居、祠堂、书院、牌坊已毁，但仍保留下数百幢古民居，从整体上保留下明清村落的基本面貌和特征。西递村中至今尚保存完好的明清民居近二百幢。徽派建筑错落有致，砖、木、石雕点缀其间，目前已开发的有凌云阁、刺史牌楼、瑞玉庭、桃李园、东园、西园、大夫第、敬爱堂、履福堂、青云轩、膺福堂、应天齐艺术馆等20余处景点。该村建房多用黑色大理石，两条清泉穿村而过，99条高墙深巷，各具特色的古民居，使游客如置身迷宫。村头有座明万历六年（公元1578年）建的三间四柱五楼的青石牌坊，峥嵘巍峨，结构精巧，是胡氏家族地位显赫的象征。村中有座康熙年间建造的“履福堂”，陈设典雅，充满书香气息，厅堂题为“书诗经世文章，孝悌传为报本”、“读书好营商好效好便好，创业难守成难知难不难”的对联，显示了儒学向建筑的渗透。村中另一古宅为“大夫第”，建于清康熙三十年（公元1691年）。“大夫第”为临街亭阁式建筑，原用于观景，楼额悬有“桃花源里人家”六个大字。有趣的是，近人多将此楼当作古装戏中小姐择婿“抛绣球”所在，现已成为西递村举办此项民俗活动的场所。“大夫第”门额下还有“作退一步想”的题字，语意双关，耐人寻味。此外，村中各家各户的富丽宅院、精巧的花园、黑色大理石制作的门框、漏窗，石雕的奇花异卉、飞禽走兽，砖雕的楼台亭阁、人物戏文，及精美的木雕，绚丽的彩绘、壁画，都体现了中国古代艺术之精华。且“布局之工，结构之巧，装饰之美，营造之精，文化内涵之深”，为国内古民居建筑群所罕见，堪为徽派古民居建筑艺术之典范。

西递、宏村于2000年被列入《世界遗产名录》

北京的四合院　四合院建筑，是我国古老、传统的文化象征。“四”是东西南北四面，“合”是合在一起，形成一个口字形，这就是四合院的基本特征。四合院建筑之雅致，结构之巧，数量之众多，当推北京为最。

北京的四合院，大大小小，星罗棋布，或处于繁华街面，或处于幽静深巷之中；大则占地几亩，小则不过数丈；或独家独户，或数户、十几户合居，形成了一个符合人性心理、保持传统文化、邻里关系融洽的居住环境。它形成了家庭院落为中心，街坊邻里为干线，社区地域为平面的社会网络系统。

四合院建筑的布局，是以南北纵轴对称布置和封闭独立的院落为基本特征的。按其规模的大小，有最简单的一进院、二进院或沿着纵轴加多的三进院、四进院或五进院。

北京的四合院住宅，经过长期的经验积累，不论在形式上，还是在结构、材料、施工方法上，都有一套成熟的做法。

首先是大门，它是旧社会主人地位的一个表征。王府大门是最高形式，其次有广亮大门、如意门等。广亮大门只有品官的宅第方可使用。进大门后的第一道院子，南面有一排朝北的房屋，叫做倒座，通常作为宾客居住、书塾、男仆人居住或杂间。自此向前，经过二道门（或为屏门，或为垂花门）进到正院。这二道门是四合院中装饰得最华丽的一道门，也是由外院进到正院的分界门。

在正院，小巧的垂花门和它前面配置的荷花缸、盆花等，构成了一幅有趣的庭院图景。正院中，北房南向是正房，房屋的开间进深都较大，台基较高，多为长辈居住，东西厢房开间进深较小，台基也较矮，常为晚辈居住。正房、厢房和垂花门用廊连接起来，围绕成一个规整的院落，构成整个四合院的核心空间。过了正房向后，就是后院，这又是一层院落，有一排坐北朝南的较为矮小的房屋，叫做后罩房，多为女佣人居住，或为库房、杂间。

四合院里的绿化也很讲究，各层院落中，都配置有花草树木、荷花缸、金鱼池和盆景等。

北京四合院住宅的建造，大都是在封建社会的晚期，它满足了人们衣食住行的需要，满足了人们希望得到友谊、同情、理解、信任的需要。数代人的居住实践表明，住在四合院，人与人之间能产生一种凝聚力与和谐气氛，同时有一种安全稳定感和归属亲切感，这与现代公寓住宅永远紧闭大门的冷漠形成了鲜明的对照（图3-9）。

平遥民居 中国古都，是把历史浓缩到宫殿；而古城平遥，是把历史溶解于民居。平遥古民宅，有保护价值的有 3739 处，其中 400 多处保存非常完整。这些古民居的一大特点就是“将传统的建筑艺术与丰富的风水理论相结合”，布局独特，文化内涵丰富。明代初叶以后，随着资本主义的萌芽，平遥城内作坊四起，商贾云集。商品经济的发展，促进了建筑业的发展。清代中叶以后，票号（即最初的银行）与典当业的兴起，使平遥的建筑水平又上了一个新台阶。经商发迹的人们，大兴土木。精巧的匠心融于繁华的市面上，撒遍了平遥的街巷里。传至当代，平遥的整座城池便成了一座庞大的古建筑博物馆。

平遥古民居的风貌特色，主要体现在：

(1) 狭长的四合院。但有别于北京的四合院。平遥四合院中间多以矮墙、垂花门分隔，这些深宅，外观封闭，内部俊秀，反映了正统礼制观念 。

(2) 处处体现“风水”观念。漫长的封建时代一直积累流传下来的风水观念，在平遥民居建筑的选址、格局、坐向、规制及建筑小品等诸多方面无不得到体现。建在屋顶的独特的风水楼、风水墙、风水影壁是平遥古民居，尤其是高中档民居中几乎家家都有的建筑附属物。易学理念在平遥的民间建筑中，成为建筑文化的重要组成部分。

(3) 砖砌为“拱”的窑洞建筑形式同木结构砖瓦式房屋的有机组合是平遥古民居独有的特色。带前廊的正屋窑洞，能做到冬天阳光撒满屋，夏天整日无阳光直射。

(4) 每座单体建筑，多为“抬梁式”木结构。屋面单双坡瓦顶并存。屋檐前加有“插飞”保证屋内采光。这种结构是在全国大多数县城见不到的，而与皇宫的屋宇框架却十分接近。

(5) 纵深排列的建筑群。古时每个家族的住所多为数世同堂，这样就形成了纵长方形的、在平面布局上严谨对称的院落深宅大院。内向的民族性格，使人们都喜欢具有层次渐进的数道宅门。从街道到民房，逐步过渡，逐步形成一个小气候，最后获得自我的天地，那就是人们常说的“家”，平遥人则一向称为“眷舍”或“居

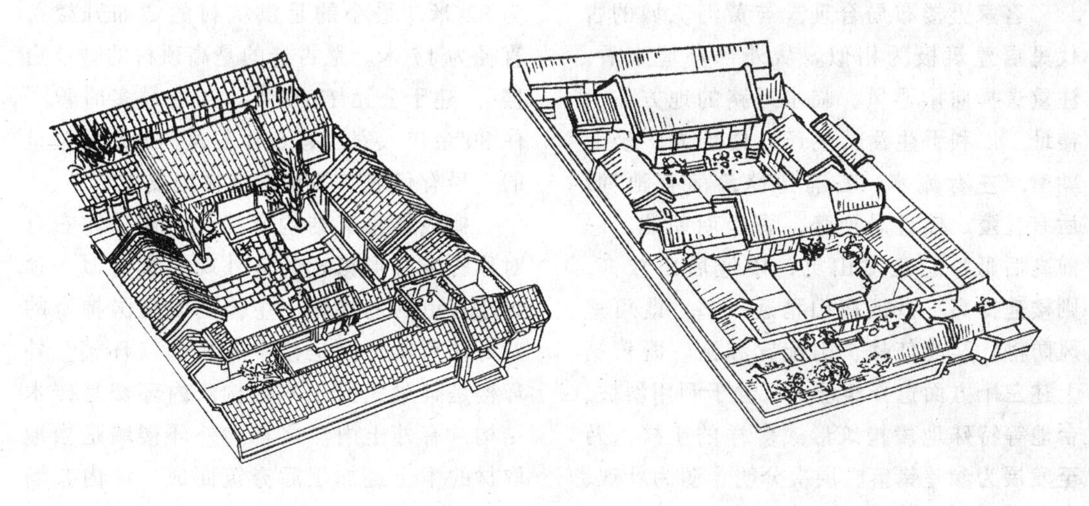

图 3-9 北京四合院

室”。当地盛产烟煤，传统居室里都筑有火炕。

(6) 房舍配置尊卑分明。中国封建制度的思想文化，建筑以正为尊、以左为上，无论店铺的掌柜或家中的长者，房舍的配置与使用上都主从有序、尊卑分明。

1997年平遥古城被列入《世界遗产名录》。

客家土楼 中国民居丰富多彩，多数已为世人所知晓，而掩藏在崇山峻岭之中的福建省民居客家土楼，却鲜为人知。土楼民居以种姓聚族而群居的特点，以及它的建造特色都与客家人的历史密切相关。客家人原是中原一带汉民，因战乱、饥荒等各种原因被迫南迁，至南宋时历近千年，辗转万里，在闽粤赣三省边区形成客家民系。为了抵御匪盗的侵袭和野兽的威胁，饱受流亡、搬迁之苦的客家先民落脚之后，便用当地的生土、砂石、竹木，将他们的房子逐渐演变成一个浑然一体、森严壁垒、精巧奇特的庞大城堡，这就是土楼。它兼具安全防卫、通风采光、抗震防火、防潮保温、隔音隔热等种种功能，俨然一个客家人居住的乐园。

客家土楼布局合理，与黄河流域的古代民居建筑极为相似。从外部环境来看，注重选择向阳避风、临水近路的地方作为楼址，以利于生活、生产。楼址大多坐北朝南，左有流水，右有道路，前有池塘，后有丘陵；楼址忌逆势，忌坐南朝北，忌前高后低，忌正对山坑；楼址后山较高，则楼建得高一些或离山稍远一些，既可避风防潮，又能使楼、山配置和谐。既依据上述三个方面选择楼址，又善于利用斜坡、台地等特殊地段构筑形式多样的土楼，乃至发展为参差错落、层次分明、蔚为壮观、颇具山区建筑特色的土楼群，如永定古竹、初溪土楼群。这些讲究，无疑与地质地理学、生态学、景观学、建筑学、伦理学、美学都有密切关系。

福建西部山区的永定县是惟一的纯客家人聚居县。永定的客家土楼独具特色，有方形、圆形、八角形和椭圆形等形状，规模之大，造型之美，既科学实用，又有特色，构成了一个奇妙的世界。从土楼建筑本身来看，永定客家土楼的布局大多数具有以下三个特点：

(1) 中轴线鲜明，殿堂式围屋、五凤楼、府第式方楼、方形楼等尤为突出。厅堂、主楼、大门都建在中轴线上，横屋和附属建筑分布在左右两侧，整体两边对称极为严格。圆楼亦相同，大门、中心大厅、后厅都置于中轴线上。

(2) 以厅堂为核心。楼楼有厅堂，且有主厅。以厅堂为中心组织院落，以院落为中心进行群体组合。即使是圆楼，主厅的位置亦十分突出。

(3) 廊道贯通全楼，可谓四通八达。但类似集庆楼这样的小单元式、各户自成一体、互不相通的土楼，在永定乃至客家地区为数极少。

境内共有大型方形、圆形土楼8000余座，而圆形的有360座。最大的圆楼直径为82米，最小的是洪坑村的“如升楼”，直径为17米。最古老的是高顶村的“承启楼”，建于公元1790年，楼内最多时曾居住80余户人家，有600多人。最壮丽堂皇的、最有代表性的是洪坑村振成楼。

振成楼建筑结构奇特，圆楼外左右有对称的半月形馆相辅，外观建筑恰似一顶封建官吏的乌纱帽，主体是以我国神奇的八卦楼所布局，是楼中有楼的二环楼。外环楼是架梁式的土木结构，内环楼是砖木结构，有外土内洋之称。外环楼墙是当地取材的生土经加工后夯筑而成，墙内布满木条作墙筋，楼高19米。内外三环共有208个房间。第一层作厨房和饭厅，二层作粮仓，三、四楼则为卧室。每层楼有房间40间，配4架楼梯，按八方位设计，乾巽艮坤卦位为公共场所，分别为后厅、门厅和左右侧门；坎震况离卦方位为住房，各配楼梯，概设门户，户闭自成院落，门开连成整体，卦与卦之间设防火隔墙，建造成辐射状八等分，每卦之间设有男女浴室和猪舍。门开即连成一体，门闭则自成小单元。

楼中楼是二层建筑的砖木结构，内有石雕柱脚、木刻门面，有琉璃瓦当和窗户，二楼走廊是铸铁栏杆，有梅兰菊竹等图案，紧连着全楼的中心大厅——楼中的重要活动中心场所，作议事厅、宴客厅，并可兼作戏台。楼上观戏台上中间比两旁高6寸，中间为客人座位、两旁为主人座位，这也是客家好客的象征。大厅宽敞明亮、舒适宜人。其中有4根怀抱不过、两丈余高的花岗岩大石柱拔地支撑，为县内外所罕见。大厅非常壮丽堂皇，天井中有两个小型的花圃作点缀，更显雅致。楼内的东西两侧设有两口水井，也就是八卦图中的阴阳二太极，代表日月。令人奇怪的是，东西方两口井水的水位高低不同，东高西低而且水温也有所不同，但井水都清凉可口，取之不尽，用之不竭。大厅墙壁上有不少名人名联及题匾。

全楼设有三道大门，为八卦图中的天地人三才布局，门板厚20厘米，配用0.5厘米的钢板加固而成，门内墙中埋有30厘米方型门栓。大门一关，门栓一栓，楼内妇孺老幼就可高枕无忧了。平时楼内居民皆从左右两侧门出入，东方住户走地门，西方住户走人门，天门则长年关闭，抑或要逢年过节或婚丧喜庆等重大节日才开启。土圆楼有抗地震功能，所有土楼的墙体都是设计向内倾斜，自身有“向心力”。圆形土楼可防风，因外形为弧形，风压力不大。振成楼的独特设计可防止火灾，因卦与卦间有隔火墙，万一失火，不会蔓延。土楼还可防盗，盗贼进入土楼后，八卦门如果关闭，盗贼是难以逃脱的。楼外顶墙处每卦设有瞭望台，作为土楼里面军事防御设施。厨房煮饭时火烟是从每间厨房中间墙中预先设计好的烟囱直上瓦面冒出。早在九十年前，建造出具有排污等环保意识的土楼真是不可思议。土楼还有冬暖夏凉的特点。

客家土楼建筑，是中国民居建筑中的奇异景观。在技术和功能上臻于完善，在造型上具有高度审美价值，在文化内涵上蕴藏有深刻内容。1985年，振成楼的建筑模型曾同北京的天坛模型一起送往美国洛杉矶参加国际建筑模型展览，以其独特的风格和别具一格的造型，被认为是客家人聪明智慧的结晶，是中华民族优秀的文化遗产。

第九节　建筑景观之　古迹

历史古迹、遗址等景观，是人类活动的产物，鲜明地反映着人类在不同历史时期的生活、生产和社会、政治、经济乃至军事的情况，以及基本的文化特征。它记载着历史发展的变迁和规律，体现着人类文明的进程和成果。众多的分布于各地的、不同历史时期的古迹遗址，恰似一座座人文资源极为丰富的矿藏宝库。正如庐山的“历史遗迹，以其独特的方式，融会在具有突出价值的自然美中，形成了具有极高美学价值的、与中华民族精神和文化生活紧密相连的文化景观”。它们不仅具有深远的历史意义，而且具有一定的艺术欣赏价值和科学研究价值。

万里长城　万里长城是两千多年前我国古代的一项空前雄伟浩大的军事防御工程，是人类建筑史上举世罕见的伟大奇迹。由于万里长城气势雄伟、工程艰巨、历史悠久，不仅在我国建筑工程中少有，即使在世界建筑工程史上也很罕见。

长城是中国也是世界上修建时间最长、工程最大的一项冷兵器时代的国家军事性防御工程。自公元前七八世纪开始，延续不断修筑了2000多年，分布于中国北部和中部的广大土地上。古代外国虽然也有长城，例如公元1世纪时罗马人在莱茵河与多瑙河之间修建了长584公里的“防御墙”，但无论其年代、长度与规模，都不可与中国的长城同日而语。由于中国历史上每一个诸侯国家和封建王朝的政治势力范围都不相同，因而每一次修筑的长城并不在一条线上，所以长城的起止和长度也都不一样，秦、汉、明、金等朝代的长城都达万里或万里以上。总共加起来，其长度在十万里以上，又因其方位或东或西或南或北，被称之为“上下两千多年，纵横十万余里”。如此浩大的工程不仅在中国就是在世界上，也是绝无仅有的，因而在几百年前就与罗马斗兽场、比萨斜塔等列为中古时期世界七大奇迹之一。

公元前7世纪就开始建造用于军事目的的烽火台，春秋战国时将烽火台用城墙联结起来，各国之间的称“互防长城”，为抵御北方游牧人的称“拒胡长城”。秦统一中国，联结各国拒胡长城，“西起临洮，东至辽东，延袤万余里”。经汉代和明代维修增筑，留存至今。长城保证了中原的安定和丝绸之路的畅通，促进了边关各族的交流。明代完善了长城防守制度，分全线为“九边十一镇”，镇下为“路”和“关”，直到每座敌台和烽火台，层层相属。镇和关都有城，设在沿线交通要道，著名的如山海关、嘉峪关、居庸关、古北口、雁门关等。

万里长城从春秋战国开始，伴随着中国长达2000多年的封建社会行进。众所周知，一部悠久的古代中国文明史，封建社会有过丰富、辉煌的篇章，大凡封建社会重大的政治、经济、文化方面的历史事件，在长城身上都打上了烙印。金戈铁马、逐鹿疆场、改朝换代、民族争和等在长城身上都有所反映。长城作为一座历史的实物丰碑，所蕴藏的中华民族两千多年光辉灿烂的文化艺术的内涵极为丰富。除了城墙、关城、镇城、烽火台等本身的建筑布局、造型、雕饰、绘画等建筑艺术之外，还有诗词歌赋、民间文学、戏曲说唱等。古往今来不知有多少帝王将相、戍边士卒、骚人墨客、诗词名家为长城留下了不朽的篇章。边塞诗词成为古典文学中的重要流派。如李白的“长风几万里，吹度玉门关”，王昌龄的“秦时明月汉时关，万里长征人未还”，王维的“劝君更尽一杯酒，西出阳关无故人”，岑参的“忽如一夜春风来，千树万树梨花开”等名句，千载传诵、不绝于耳。孟姜女送寒衣的歌词至今还广为传唱。随着长城内外著名战例的发生，也涌现出了不少著名人物，包括许多军事家和政治家，大大丰富了长城这座亘古建筑的文化内涵。

万里长城以其蜿蜒曲折、奔腾起伏的身影点缀着中华大地的锦绣河山，使之更加雄奇壮丽。它既是具有丰富文化内涵的文化遗产，又是独具特色的自然景观。今天国内外游人以“不到长城非好汉”这一诗句来表达一定要亲自登上长城一览中华悠久文明、壮丽河山的心情。“古塞雄关存旧迹，九州形胜壮山河”。时至今天，长城作为军事工事的实用功能已经不存在了，它的美成为人的美的观照的对象，具有重要的审美价值。长城城墙多沿着蜿蜒起伏的山脊线延伸，常利用山脊外侧为陡崖的地形，山、墙相依，更加险固。那雄伟的关城，流转若动的城墙，挺然峭拔的城楼、角楼和敌台，孤绝独出的烽火台，它们所构成的点、线、面结合的神奇构图，都转化成了美的韵律、美的节奏。长城是真正的“大地艺术”，长城的美属于壮美，是一种崇高的美，一种体现“天行健，君子以自强不息”的美，它以雄伟、刚强、宏大、粗犷为特征，是中国人追求和平并勇于开拓进取精神的体现，传达出一种深沉的民族感情。长城凝聚着古代祖先们的血汗和智慧，是中华民族的象征和骄傲。

1961年被我国定为第一批全国重点保护文物；1987年被列入《世界遗产名录》。

龙门石窟　龙门石窟位于洛阳市区南面12公里处，是与大同云冈石窟、敦煌千佛洞石窟齐名的我国三大石窟之一。

龙门是一个风景秀丽的地方，这里有东、西两座青山对峙，伊水缓缓北流。远远望去，犹如一座天然门阙，所以古称“伊阙”。自古以来，成为游龙门的第一景观。唐诗人白居易曾说过：“洛阳四郊山水之胜，龙门首焉”。龙门石窟始开凿于北魏孝文帝迁都洛阳（公元494年）前后，后来，历经东西魏、北齐、北周，到隋唐至宋等朝代又连续大规模营造达400余年之久。密布于伊水东西两山的峭壁上，南北长达1公里，共有97000余尊佛像，1300多个石窟。现存窟龛2345个，题记和碑刻3600余品，佛塔50余座，造像10万余尊。其中最大的佛像高达17.14米，最小的仅有2厘米。这些都体现出了我国古代劳动人民很高的艺术造诣。

奉先寺是龙门唐代石窟中最大的一个石窟，长宽各30余米。据碑文记载，此窟开凿于唐代武则天时期，历时三年。洞中佛像明显体现了唐代佛像的艺术特点，面形丰肥、两耳下垂，形态圆满、安详、温存、亲切，极为动人。石窟正中卢舍那佛坐像为龙门石窟中最大，身高17.14米，头高4米，耳朵长1.9米，造型丰满，仪表堂皇，衣纹流畅，具有高度的艺术感染力，是一件精美绝伦的艺术杰作。据佛经说，卢舍那意即光明遍照。这尊佛像，丰颐秀目，嘴角微翘，呈微笑状，头部稍低，略作俯视态，宛若一位睿智而慈祥的中年妇女，令人敬而不惧。有人评论说，在塑造这尊佛像时，把高尚的情操、丰富的感情、开阔的胸怀和典雅的外貌完美地结合在一起，因此，她具有巨大的艺术魅力。卢舍那佛像两边还有二弟子迦叶和阿难，形态温顺虔诚，二菩萨和善开朗。天王手托宝塔，显得魁梧刚劲。而力士像就更动人了，只见他右手叉腰，左手举于胸前，威武雄壮。

金刚力士雕像是龙门石窟中的珍品，1953年清理洞窟积土时，在极南洞附近发现的，是被盗凿而未能运走遗留下的。只见金刚力士两眼暴突，怒视前方，双手握拳，胸、手、腿上的肌肉高高隆起。整座雕像造型粗犷豪放，雄健有力，气势逼人。

龙门石窟中另一个著名洞窟是宾阳洞。这个窟前后用了24年才完成，是开凿时间最长的一个洞窟。洞内有11尊大佛像。主像释迦牟尼像，高鼻大眼、体态端庄，左右有弟子、菩萨侍立，佛和菩萨面相清瘦，目大颈平，衣锦纹理周密细腻，有明显西域艺术痕迹。窟顶雕有飞天，挺健飘逸，是北魏中期石雕艺术的杰作。洞口唐宰相书法家褚遂良书碑铭，很值得一览。洞中原有两幅大型浮雕《皇帝礼佛图》、《太后礼佛图》，画面上分别以魏孝文帝和文明皇太后为中心，前簇后拥，组成礼佛行列，构图精美，雕刻细致，艺术价值很高，是一幅反映当时帝王生活的图画，现分别藏于美国堪萨斯城纳尔逊艺术馆和纽约市艺术博物馆。

万佛洞在宾阳洞南边，洞中刻像丰富，南北石壁上刻满了小佛像，很多佛像仅一寸，或几厘米高，计有1500多尊。正壁菩萨佛像端坐于束腰八角莲花座上。束腰处有四力士，肩托仰莲。后壁刻有莲花54枝，每枝花上坐着一菩萨或供养人，壁顶上浮雕伎乐人，个个婀娜多姿，形象逼真。沿口南壁上还有一座观音菩萨像，手提净瓶，体态圆润丰满，姿势优美，十分传神。

古阳洞有丰富造像题记，为人称道的龙门十二品，大部分集中在这里。清代学者康有为盛赞这里的书法之美：魄力雄强、气象浑穆、笔法跳越、点画峻厚、意态奇逸、精神飞动、骨法洞达、结构天成、血肉丰美。古阳洞是龙门石窟中开凿最早的一个窟。

还有一个药方洞，刻有140个药方，反映了我国古代医学的成就。这也是古代医学成就传之后世的一个重要方法。

龙门石窟造像题记遍布许许多多的洞窟，约有3600品，其中龙门二十品，是我国优秀文化遗产的一部分，在国内外学术界、书法界有很广泛的影响。龙门二十品，十九品集中于古阳洞，另有一品在西山中部偏南老龙洞崖壁的慈香窟里。

2000年11月洛阳龙门石窟被联合国教科文组织遗产委员会列入《世界遗产名录》。

都江堰 著名的古代水利工程都江堰，位于四川都江堰市城西的岷江上。古时属都安县境而名为都安堰，宋元后称都江堰，被誉为“独奇千古”的“镇川之宝”。建于公元三世纪，是中国战国时期秦国蜀郡太守李冰及其子率众修建的一座大型水利工程，2200多年来，至今仍发挥巨大效益，李冰治水，功在当代，利在千秋，不愧为文明世界的伟大杰作，造福人民的伟大水利工程。这是全世界迄今为止年代最久、惟一留存、以无坝引水为特征的宏大水利工程，是我国科技史上的一座丰碑。

李冰是以“乘势利导，因时制宜”这一自然辩证法为指导思想修筑都江堰的，其根源可追溯至中古时期大禹治水时所采用的疏、导等治水经验。李冰等人在建堰的过程中，总结出的“堰其右、检其左”、“深淘滩、低作堰”、“遇弯截角、逢正抽心”等法则，成为2000多年来我国水利工程宝贵的经验，也使都江堰成为世界水利史上科学治水最光辉的典范。德国地理学家李希德霍芬说：“都江堰灌溉方法之完善，世界各地无与伦比。”

都江堰水利工程最主要部分为都江堰渠首工程，这是都江堰灌溉系统中的关键设施。渠首主要由鱼嘴分水堤、宝瓶口引水工程和飞沙堰溢洪道三大工程组成。宝瓶口引水口——离堆在开凿宝瓶口以前，是湔山虎头岩的一部分。李冰根据水流及地形特点，在坡度较缓处，凿开一道底宽17米的楔形口子。峡口枯水季节宽19米，洪水季节宽23米。据《永康军志》载“春耕之际，需之如金，号曰‘金灌口’”。因此“宝瓶口”古时又名“金灌口”。宝瓶口是内江进水咽喉，是内江能够“水旱从人”的关键水利设施。由于宝瓶口自然景观瑰丽，有“离堆锁峡”之称，属历史上著名的“灌阳十景”之一。

飞沙堰是中段的泄洪道，有排泄洪水和沙石的功能，宝瓶口具有引水和控制进水的作用。因而，都江堰水利工程科学地解决了江水的自动分流、自动排沙、自动排水和引水的难题，收到了“行水灌田，防洪抗灾”的功效，是世界水利工程史上的一大奇观。2200多年来，引水灌溉，才使蜀地有“天府之国”的美誉。都江堰是“天府”富庶之源，至今仍发挥着无可替代的巨大作用，灌溉良田1000多万亩，范围达40多个县。

都江堰附近景色秀丽、文物古迹众多，主要景点有伏龙观、二王庙、安澜索桥、玉垒关、离堆公园、玉垒山公园和灵岩寺等。

都江堰是天府源头，建堰的功臣李冰受到了世人的顶礼膜拜。东汉建宁元年雕塑的李冰石像的出土，说明在1800多年前的东汉时代，灌区人民就已经开始纪念李冰了。像高2.9米，重约4.5吨。造型朴实，意态雍容，是中国古代十分珍贵的一件石雕文物。唐太宗时褒封李冰为“神勇大将军”，宋太祖赵匡胤曾治修崇德庙，扩大了庙基，增塑了二郎像。伏龙观也成了纪念李冰的庙宇。清雍正五年（1727年），四川巡抚奏请颁定每年“春秋仲月，照吉致祭”。祭祀时，先到伏龙观祭李冰，再到二王庙祭二郎。官祭一般是在清明岁修完毕时结合放水庆典一道举行，祭完李冰父子后即到江边鸣炮放水。官祭之外，还有民祭。因此六月二十四日前后，川西受益区人民不辞艰苦跋涉，扶老携幼，带着祭品来庙祭祀，每日多达万人以上。至今民祭之日，二王庙里人山人海，香烟缭绕，虔诚之态，令人感动。近年来，都江堰市恢复了都江堰清明模拟放水活动，还恢复了仿古祭祀表演。

2000年11月都江堰—青城山被联合国教科文组织遗产委员会列入《世界遗产名录》。

思　考　题

1. 说说中西方建筑各自的特点。

2. 考察一处建筑景观，并写出考察报告，内容包括：简述历史沿革，分析主要特色，对进一步开发利用人文资源提出建议。

3. 谈谈中国传统思想对宫殿建筑的影响。

4. 简述塔的种类及特征。

5. 分析中国江南水乡民居的特点。

第四章　景观人文·环境景观

第一节　环境景观概述

任何一个民族，一种文化，都有其独特的理想环境模式，对环境的审美体验，与特定的民族文化和心理是分不开的。中国古代主张天时、地利、人和诸方面的和谐统一，信仰和追求的是天人合一，人与自然的和谐相处，这与西方的征服自然，与自然的对立情绪不同。对自己藉以生息和活动的环境的选择，有其特殊的要求和理想化的标准，有着自己的表达方式。概而言之，即为尊重自然、尊重文化、尊重人自己。

在人与环境的关系方面，城市的择地与构建十分的讲究。中国古代的“堪舆”学强调自然环境，强调天文、地理、地况、形态与人及建筑的关系，关注建筑与人居环境的和谐，现代人更需要注重历史文脉的保护、传承和文化的弘扬。

对自然山水名胜的感情交流，也是情寄于景，以景怡情，视自然景观为具有生机和活力的生命体，从中观照和感悟人类自身的生存价值和生命意义，进而得到精神的升华和灵魂的净化。“惟江上之清风，与山间之明月，耳得之而为声，目遇之而成色，取之不尽，用之不竭，是造物者之无尽藏也，而吾与子之所共适”（苏轼《前赤壁赋》）。千百年来，人类的生产实践活动及精神的辐射，创造了极具人文内涵的“第二自然”——环境景观。人类在更为广袤的环境空间里，获得了更大的精神遨游的自由天地。

截止到目前，中国已有99个城市被列为《国家历史文化名城》；有500处“全国重点文物保护单位”；119个国家重点风景名胜区；226个国家森林公园；93个国家级自然保护区。这无疑是蔚为大观的环境人文资源。

第二节　环境景观之　城市

城市是一定的生产方式和生活方式把一定的地域组织起来的居民点，往往是该地域的经济、政治和文化生活的中心。城市的兴起是社会进化到一定阶段的产物，是文明时代的重大里程碑之一，也被称为人类文明的焦点。恩格斯说，城市的出现“是建筑艺术上的巨大进步，同时也是危险增加和防卫需要增加的标志”，“在新的设防城市的周围屹立着高峻的墙壁并非无故；它们的壕沟深陷为氏族制度的墓穴，而它们的城楼已经耸人文明时代了”（《家庭、私有制和国家的起源》）。中国的《史记》中早有“夏有万国”、“夏有城郭”之说，《博物志》说禹也曾“作三城”。考古学家已经找到了距今4000多年前中国的古城堡遗址。两河流域、埃及等地区在公元前3000年就已出现了城市。

“城”和“市”起初是两个不同的概念，随着历史的发展，城市的内容、功能、结构、形态不断演变，从建筑学角度看，城市是多种建筑形式的空间组合，主要是为聚集的居民提供具备良好设施的适宜于生活和工作的形体环境。城市的发展是人类居住环境不断演变的过程，也是人类自觉不自觉地对居住环境进行规划安排的过程。在中国陕西临潼县城北的石器时代聚落羌寨遗址，先人在村寨选址、大地利用、建筑布局和朝向安排、公共空间的开辟以及防御设施的营建等方面运用原始的技术条件，巧妙构思经营，建成了适合于当时社会结构的居住环境。这可以看做是居住环境规划的萌芽。随着社会经济的发展，城市的出现，人类居住环境的复杂化，产生了城市规划思想，并得到不断发展。

影响城市规划和建设的因素很多，主要是经济、军事、宗教、政治、卫生、交通、美学等。中国的城市建设规划思想产生较早，建筑和布局也独具特色。中国的古代城市较之西方的，有着十分显著的差异。在西方，最初的城市，是手工业者和商人的集结地，城市发展带有相当大的自发性，城市建筑在一定程度上反映了市民的利益和需要。如广场、市政厅、浴场、体育场、戏院等公共建筑。中国古代的城市，是统治阶级的大本营，最早的居民却是统治阶级。因此，城市的建设反映了浓厚的统治阶级思想意识并表现出极强的规划性，城市建筑也具有服务于统治阶级的鲜明特点。历代王城的规划，均以宫室为主，辅以官署和与生活有关的建筑以及城垣、濠沟等防御设施，规模宏伟，规划严整，完全不同于欧洲封建城市发展的自发性，而表现出强烈的主动规划意识。

中国古代城址的选择是十分讲究科学的，尤其是作为历代王朝政治中心的国都，它不仅是国家规模的象征，文化精神的寄托，而且与其国家和民族的生死存亡休戚相关。因此，国都所在，必须具有控制八方、长驾远征的气概；领导全国政治、经济、文化发展的能力；攻守咸宜、形胜优越的态势。总而言之，选址建国都必须从政治、经济、军事和地理各方面综合考虑，以期选择诸种优势叠加的最佳地点。

包括历代王朝的都城在内，中国古代城市的选址始终贯彻着特殊的风水理论，并作为其指导思想。我们不去论辩关于风水的迷信与科学的是是非非，但无论如何，它是古人通过对地理环境的朴素分析，达到趋利避害、择吉避凶的一种手段。像建造所有居民点一样，我国古人早就知道要选择那些高亢、近水、向阳、避风寒的地方去营造住宅和城池。《管子·立正篇》所记："凡立国都，非于大山之下，必于广川之上；高毋近旱而用水足；下无近水而沟防省。""因天材，就地利。"这一根据实际情况进行城市规划的理论，适应了中国广大地区不同自然环境的需要，在两千多年来的城市建设实践中，得到广泛采用。

古代选建国都，尤其注重对于国都所在位置地理环境、山川形胜的具体分析，最重要的标准是看它们是否为"龙脉集结"之处。缪希雍在其《葬经冀》中说："关中者，天下之脊，中原之龙首也。冀州者，太行之正，中条之干也。洛阳者，天地之中，中原之粹也。燕都者，北陇之尽，鸭绿界其后，黄河挽其前，朝迎万派，拥护重复，北方一大（都）会也。"这时实际上讲的就是西安、洛阳、北京的龙脉地形。

中国古代的城市形制规整，结构严谨，这种城市规划布局的思想早在春秋战国时代已经形成，也即三千年前就有了完整的城市规划理论。《考工记》成书于公元前5世纪左右，其基本的指导思想是，城市规划布局必须严格体现当时那种分封的等级制度，不仅将全国的城市分为王城、诸侯城和都邑三级，而且规定城市建设的标准。城的大小、城墙的高低、道路的宽窄等，都取决于奴隶主地位的高低。不言而喻，作为最高统治中心的王城，各方面都要超过那些诸侯城和都邑。以君主为中心的城市布局思想对历代都城的建设都产生了深远的影响。明、清北京城的规划就是反映这一王都规划理论的最好例证。

古代的城市，为了保护统治者的安全和利益，有城与郭的设置。从春秋一直到明清，各朝的都城都有城郭之制。城、郭各有不同功能。“筑城以卫君，造郭以守民”(《吴越春秋》)，城是保护国君的，而郭则是看管人民的。“内之谓城，外之谓郭”。各代赋予城郭的名称不一：或称子城、罗城；或称内城、外城；或称阙城、国城；名异而实一。京城的城墙一般有三道：宫城（大内、紫禁城）；皇城或内城；外城（郭）。而明代的南京与北京则有四道城墙，府城通常只有两道城墙，即子城和罗城。郭通常依山川形势而筑，不像城那样四面有墙垣。秦代以前的各段长城，实际上就是各诸侯国王城的郭。

夏商时期已开始出现版筑夯土城墙。据当时的攻城手段，城墙都筑得很厚。但夯土城墙极易遭受雨水冲刷，火药的发明和攻城武器的进步，更使土筑城垣的防御能力大为逊色。因此，唐宋以后出现了砖石夯土城墙。到了明代，产砖量增加，城墙已多为砖石砌筑。

城门门洞早期用过木梁，元以后推广砖拱门洞。为了加强门的防御，一般都有二道以上。外边的一座叫箭楼，里面的一座叫城楼，两楼间用城墙围接，称作“瓮城”。瓮城的作法，从汉代一直沿用到明清，山西平遥和浙江临海都有古瓮城实物存在。在水乡，城内外有河道贯通，故设有水城门。除了箭楼、城楼、瓮城外，城墙上通常还有城垛，即雉堞（女墙）、战棚、角楼、敌楼等防御设施。

古代城市的道路，绝大多数采取以南北走向为主的方格形式，完全服从于城市建筑物南向排列的规律。城市道路，规模浩大，等级分明。由于我国的地理位置与气候条件，从商代起就总结并确立了这一条切合我国实际情况的建筑布置经验，一直沿用到今天。为了适应各地不同的条件，在处理方格网道路系统时也是因地制宜的。宋代以前，道路均为土筑。宋以后，南方的一些城市开始出现砖石路面。到了明清时期，城市经济日益发达，南北方城市均开始广泛采用卵石、块石、青砖等建筑材料铺设路面。一些林区的城市，有用枕木铺路，以防止冰雪路滑。

古代城市重视排水系统的建设。早在春秋时期，就出现了陶制的排水管道。到汉代，创造了砖砌排水管道的方法，陶水管的形制趋于完备。汉长安城的考古发掘表明，当时已有明沟和暗沟相结合的城市排水系统。这种科学的城市系统的建筑结构和形式，代代相袭，一直沿用到近代。另外，城市的绿化、防火、供水和排污等，都有合理的布局和科学的规划，取得了卓越的成就和经验。

中国古代城市的历史几乎与中国古代文明的历史是同步发展的。早在4000多年前的龙山文化时代，在河南、山东和内蒙古地区，至少已经出现了6座古城。到商代末期，全国已有26座城市，大部分集中在中原地区。春秋时期，城市数目急速增加到上百座，并且向南发展到长江流域。中国早期的城市基本上都是职能单一的政治与军事中心，规模亦普遍较小。古代城市的建筑，经过几千年的演变发展，也逐步形成了一整套完备的制度。

进入封建社会，名城大量涌现。在群雄争霸的战国时期，出现了城市发展的第一次高潮。此时不仅城市的数量增加、规模扩大，而且随着工商业的发展，如赵邯郸、齐临淄、楚郢都、燕下都等，既是著名的政治中心，又是商业繁荣的大都会，秦汉时期的中国政治一统，经济繁荣，城市发展出现第二次高潮。秦都咸阳成为中国历史上第一座百万人口的大都市。西汉时期的城市发展到670座。长安、洛阳等都城进一步发展；与此同时，又涌现出一批新兴的城市如定陶、睢阳、寿春、番禺（今广州）、桂林、成都等。汉魏六朝时期，虽然国家分裂，南北对峙，但是像洛阳、南京这样的城市依然在继续发展。尤其是凭借长江天险的南京城，依其“龙蟠虎踞”之势，发展成为六朝故都，形成中国江南第一座人口超过百万的大都市。

唐宋时期，封建经济的繁荣推动城市的发展再次出现高潮。但是与秦汉时代相比，由于中国的政治、经济、文化中心相继移向江南，因而江南的城市迅速发展起来。尤其是作为南宋国都的临安（今杭州），发展更为迅速，同时也是商业繁盛、江帆海舶频频进出的港口贸易城市。

明清时代已进入封建社会晚期。由于江南地区条件优越，商品经济迅速发展，因而作为工商业中心的大小城镇在中国东南半壁蓬勃兴起。与此同时，北京和南京的城市建设也因其作为都城的原因而居全国之冠。

中国古代都城规模之大，在世界古代城市建设史上是少有的。现举世界古代十座城市面积比较如下：

一、隋大兴（唐长安）　84.10平方公里（公元583年建）。

二、北魏洛阳　约73.00平方公里（公元493年建）。

三、明清北京　60.20平方公里（公元1421～1553年建）。

四、元大都　50.00平方公里（公元1267年建）。

五、隋唐洛阳　45.20平方公里（公元605年建）。

六、明南京　43.00平方公里（公元1366年建）。

七、汉长安（内城）　35.00平方公里（公元前202年建）。

八、巴格达　30.44平方公里（公元800年建）。

九、罗马　13.68平方公里（公元300年建）。

十、拜占庭　11.99平方公里（公元447年建）。

中国古代城池中至今保存得比较完整的当推南京城和西安城。其中南京城是现存规模最大的古城，城为明代所筑。东傍钟山，南临秦淮，西踞石头，北近后湖，全长33.65公里，高14～21米，城基宽14米，顶宽7米。城垣基础用花岗岩条石砌成，上筑夯土，外砌特制巨型城砖（长40～45厘米，宽20厘米，厚10厘米）。砖缝用石灰和糯米浆浇灌，墙顶用桐油和拌合料结顶，工程十分坚固。在南京内城之外还筑有60公里长的外廓城，建18座城门，俗称“外十八”；内城有13座城门，称“内十三”。内城中以聚宝门（今中华门）最为雄险壮观。南京古城不仅在当时被称为“世界第一大城”，而且也是当今世界现存的规模最大的砖石城垣。

中国的许多古代城市，一直被沿用下来，成为今天的历史文化名城。也有不少在历史上曾经是重镇名都，成为了古迹遗址，如西周丰镐、郑州商城、安阳殷墟等，它们不仅反映了历代城市的规划情况，也反映了历代人民生产、生活和政治、经济、文化、科学技术的发展情况，具有较高的研究价值。城市的历史文化风貌可以为人们提供一种永恒的、连续的、最富激情的历史对比感和美学享受。城市的历史文化遗存是联系过去与现在、继承与创造的纽带。特别是城市的古建筑格局与环境，可以为城市提供独有的历史个性，对现代城市规划与建设也有裨益。

［名城］　云南丽江古城

纳西族渊源于远古时期居住在我国西北河湟地带的羌人，于唐朝以前迁至金沙江两岸，现今居住于滇、川、藏三省十二县境内，大约八万平方公里范围内。

丽江城始建于南宋年间（公元1127～1297年），唐宋时期还只是一两个小村落，元、明、清三朝，纳西族首领为世袭土司，实行高度自治，历时四百七十年。在二十三代世袭土司与纳西民众的经营下，一座保留着唐宋遗韵的土木建筑群依着山势，沿着溪流形成了。那亿万年形成的玉龙雪山，像张开的双臂呵护着古城，姿态雄美而壮丽，雪山最南端海拔高度5596米的扇子陡主峰，至今未被人类征服。

早在1938年，我国著名建筑学家刘敦桢曾写成《西南古建筑设想概况》、《云南古建筑调查记》等文章，肯定了丽江古城的独特价值。综合看，古城在地势的选择上，北倚象山、金虹山，西枕狮子山，背西北而朝东南，占地势之优，得暖阳之利；城中花木早苏，四季如春。其次是在水的利用上，将玉河水一分为三，三分为九，使每一个巷道里都有泉水流动，空气清新，颇具水乡特色，有人因此称之为“东方威尼斯”。再次是在广场道路的设置上，以四方街为中心，向四周辐射，并由无数条小巷道和拱桥连接成四通八达的网状交通，识路的人可以任意走通每一条巷道，不识路的如入八卦阵营，迷失其中。

古城的另一特色是“人”字屋架的瓦房院落，全城清一色的古建筑，没有现代平顶房杂入其中。瓦房有平房和楼房两种，有四合院，也有“三方一照壁”，多为土木结构。如此风格的古镇实为罕见。在著名的木王府，有仿照故宫模式建造的房屋，几个大殿在中轴线上一溜排开，依山而建的曲廊有些颐和园的风味。

东巴文化十分古老。东巴意为“宗教智者”，是古纳西的巫师和祭师。东巴文字是世界上惟一存活的象形文字，纳西语称“思究鲁究”，意为木石之印记，纳西族一千五百多个象形文字保留了大量的图画记事痕迹，是研究人类文字发展史的珍贵资料。纳西族使用这些文字记载历史、编写神话以及祭神驱鬼的祭辞。东巴祭司们书写的数十万册经书，保存至今的仍有五万多册，分别珍藏于丽江、昆明、南京、北京以及美、英、法等国的研究机构。

东巴教是纳西族早期氏族宗教，有近百个宗教祭祀仪式和占卜仪式，仪式中使用一千多种经书。不同内容的东巴经典约有一千一百多卷，包罗万象，不仅东巴音乐、舞蹈、绘画等艺术形式在其中有较完整的体现，也为世界文明保留了原始宗教、哲学、天文、文学等在那个时期发展的面貌。

在丽江还有被誉为“音乐活化石”的纳西古乐，它是多元文化相融相汇的艺术结晶，由《白沙细乐》、《洞经音乐》和皇经音乐组成（皇经音乐现已失传）。《白沙细乐》的主题表现人们的内在感情；《洞经音乐》具有古朴典雅的江南丝竹风韵，同时又带上纳西民族色彩，使人体味到一种玄妙、悠远、超然的意境。今天的纳西古乐，已更多地成为了群众娱乐和欣赏的音乐活动。

1997年丽江古城被列入《世界遗产名录》。

第三节　环境景观之山水名胜

名山大川，风景名胜，各种自然要素完美而和谐地形成天然奇美的景观。“山川之美，古来共谈。两岸石壁，五色交辉；青林翠竹，四时俱备。晓雾将息，猿鸟乱鸣；夕日欲颓，沉鳞竞跃。实是欲界之仙都，自康乐以来，未复有能与其奇者”（陶弘景《答谢中书书》）。一切美都源自于心灵，没有心灵的映射，是无所谓美的。“一片自然风景，是一个心灵的境界”（瑞士思想家阿米尔语）。山水名胜景观的形式美，是通过人们的心理机制而获得审美价值的，古人云：“智者乐水，仁者乐山”，这是自然山水与人的内在精神的契合。对山水名胜的观赏，除了关注景观的形态、色彩、质感等外在形式以外，更重要的是要欣赏其中的文化内涵。“我国名胜也好，园林也好，为什么能这样勾引无数中外游人，百看不厌呢？风景洵美，固然是重要原因，但还有个重要因素，即其中有文化 、有历史。”（陈从周《说园》）。历朝先贤在自然山水名胜中留下各种活动的痕迹和印记；历代的文人雅士，对自然山水名胜的独特感受，已物化为诗文、绘画、音乐、雕塑等多种艺术形态。文章是案头之山水，山水是地上之文章。这些都为山水名胜景观赋予了永恒的魅力。如赤壁一地，因历史上三国时火烧赤壁而留“武”名，更因苏轼两赋一词而以“文”名，传扬于世。庐山、黄山也一样，不仅风景秀美，兼有深厚的文化积淀，因而被列入《世界遗产名录》。山水名胜景观在更广大的自然环境里，更悠远的历史背景下，给人以美的享受和文化的启迪。

［名山］ 东岳泰山

泰山古称岱山，又名岱宗，春秋时改称泰山，为五岳中的东岳，海拔1545米，列第三位。古人以东方为万物交替、初春发生之地，所以泰山又被称为“五岳之长”。历史上泰山是政权的象征，是一座神圣的山。古代帝王登基时，每逢太平年，就要来泰山举行封禅大典，祭告天地。据传夏商周三代就有七十二个君主来这里祈祷。从秦始皇以下帝王祭泰山之事才见于记载。历史上泰山封禅最隆重的是汉武帝和唐玄宗。在泰山上筑土为坛以祭天，报天之功，叫做封。在泰山下小山上除地，报地之功，叫做禅。东封泰山，在汉唐是太平之世的盛举，所以极为隆重，泰山有这样的作用，名胜古迹自然就很多，可居全国名山之首。登山路线分东西两路，到中天门汇合，直达山顶，总共九公里，6293个石级。泰山较缓，只是从中天门上山顶必须经过十八盘，盘道陡峭，像天梯高悬，是较险的地方，十八盘中间有个升仙坊，传说游人过这个坊就可得道成仙。盘道尽头是南天门，离泰山顶仅一公里。现泰山顶上有供奉泰山女神碧霞元君铜像的祠庙。极顶称天柱峰，因建有玉皇殿，又名玉皇顶。殿门外有无字碑，据考证是汉武帝或汉章帝东封泰山时所立。泰山顶上有四大奇观：旭日东升、晚霞夕照、黄河金带、云海玉盘。日观峰是观看日出之处，峰北侧有一巨石悬空探出，叫探海石，又名拱北石。玉皇殿东有观日亭，西有望河亭，都是观览四大奇观的地方。

举行封禅大典的岱庙在泰安城内，是一座宫殿式的古建筑。从秦汉以来就在此建宫，唐宋金元明清各代均不断增修，面积为96500平方米。主殿名为天贶殿，殿壁绘有东岳泰山神出巡壁画，名《启跸回銮图》，长62米，高3.3米，传为宋代作品。岱庙后院的铜亭、铁塔均为明代所建，是范铜、铸铁工艺的佳作。岱庙中也有许多名家碑刻，现存151块。其中最著名的有秦二世泰山石刻，东汉的张迁碑等。秦二世泰山石刻是由李斯用小篆书写的胡亥诏书，刻石而成。诏书颁于秦二世元年（前209年），原来立于泰山顶玉女池旁，有220字，宋代刘跂临摹碑文时，尚有146字，到明嘉靖年间只剩29个字。乾隆五年被火烧毁，后又在玉女池发现残台二片，仅存十字。秦始皇时，本有不少石刻，如峄山碑，芝罘、碣石、琅琊台、会稽等地的刻石，但都不是原物，惟有这两片是原刻，也是我国保存下来的最古的文字石刻之一，字体秀奇瘦劲，质而能壮，所以弥足珍贵。张迁碑立于汉灵帝中平三年（186），字体方整朴厚，是著名汉碑之一。其他还有东汉的衡方碑、西晋的孙夫人碑、唐代的神宝寺碑、魏齐隋唐的造像碑、历代诗文碑刻等等，各种书体和各家风格都有，镌刻精致、笔锋清晰。泰山是历代书法和石刻艺术的博览馆。

历代文人吟咏泰山的诗篇很多。红门宫前，孔子曾驻足发出“小天下”的感慨，并写有《邱陵歌》；汉武帝面对泰山，赞叹不已：“高矣，极矣，大矣，特矣，壮矣，赫矣，骇矣，惑矣。”司马迁写了《封禅书》；曹植写下《飞龙篇》；唐代大诗人李白在天宝元年从唐玄宗封禅的御道登上泰山，飘飘然有出世成仙之想，写了六首《游泰山》诗，其中有三首描写登上日观峰凭眺所见的壮丽景色。其三说：“平明登日观，举手开云关。精神四飞扬，如出天地间。黄河从西来，窈窕入远山。凭崖览八极，目尽长空闲。”其五说：“日观东北倾，两崖夹双石。海水落眼前，天光遥空碧。千峰争攒聚，万壑凌绝历。”在泰山极顶上放眼四望，碧空万里，千峰攒簇，黄河如带，诗人不禁精神飞扬，激起了超出于天地之外的壮逸情思。杜甫的《望岳》则是仰观泰山的礼赞：“岱宗夫如何？齐鲁青未了。造化钟神秀，阴阳割昏晓。荡胸生层云，决眦入归鸟。会当凌绝顶，一览众山小。”

泰山是我国黄河流域古代文化的发祥地之一。很早以前，泰山周围就被我们的祖先所开发，泰山南麓的大汶口文化、北麓的龙山文化遗存等便是佐证。再早还有5万年前的新泰人化石遗存和

40万年前的沂源人化石遗存。战国时期，沿泰山山脉直达黄海边修筑了长约500公里的长城，今遗址犹存。泰山与孔子活动有关的景点有孔子登临处坊、望吴圣迹坊、孔子小天下处、孔子庙、瞻鲁台、猛虎沟等。泰山历史悠久，地层古老，风光秀丽，文物古迹众多，自然景观与人文景观融为一体，以雄伟壮丽而著称。泰山自古被命名的山峰有112座、崖岭98座、岩洞18处、奇石58块、溪谷102条、潭池瀑布56处、山泉64眼。此外，还有古寺庙22处，古遗址97处，历代碑碣819块，摩崖石刻1018处。泰山是我国东部最早研究的古代变质岩系和寒武纪地层地区。早在1907年，美国地质学家B·维理士和E·比克维尔发表了命名为“泰山杂岩”的研究报告。形成于17～20亿年前太古代的泰山杂岩，是中国东部最典型的代表，对中国东部太古代地层的划分、对比，以及太古代历史的恢复，均具有重要意义。近80年来，中外地质学家对泰山地层的研究表明，泰山具有极其重要的科研和保护价值。

泰山因其极其丰富的自然景观和文化景观，使它成为我国几千年古老文明的缩影，它身上所蕴含的文化内涵，在世界范围内没有第二座山可以与之相媲美，它与我国的万里长城、黄河、长江一样，成为中华民族的象征。

1987年12月，泰山正式被联合国教科文组织作为文化和自然双重遗产列入《世界遗产名录》。

思考题

1. 试述影响城市规划的主要因素是什么。
2. 学校所在的城市主要的人文景观有哪些?
3. 对家乡一处景观提出实施开发可行性方案。

第五章　景观人文·鉴赏

第一节　文学作品中的景观人文欣赏

《大观园试才题对额》点评

（题辞起到“点景”的作用。大观园工程告竣，各处亭台楼阁要题对额，贾政说：“偌大景致，若干亭榭，无字标题，任是花柳山水，也断不能生色。”即是这个道理。题辞则须流连光景，称之“寻景”，细细揣摩，方有神来之笔。）

贾政刚至园门前，只见贾珍带领许多执事人来，一旁侍立。贾政道：“你且把园门都关上，我们先瞧了外面再进去。”贾珍听说，命人将门关了。贾政先秉正看门。只见正门五间，上面桶瓦泥鳅脊，那门栏窗槅，皆是细雕新鲜花样，并无朱粉涂饰，一色水磨群墙，下面白石台矶，凿成西番草花样。左右一望，皆雪白粉墙，下面虎皮石，随势砌去，果然不落富丽俗套，自是欢喜。遂命开门，只见迎面一带翠嶂挡在前面。众清客都道：“好山，好山！”贾政道：“非此一山，一进来园中所有之景悉入目中，则有何趣。”众人道：“极是。非胸中大有邱壑，焉想及此。”说毕，往前一望，见白石峻嶒，或如鬼怪，或如猛兽，纵横拱立，上面苔藓成斑，藤萝掩映，其中微露羊肠小径。贾政道：“我们就从此小径游去，回来由那一边出去，方可遍览。”

说毕，命贾珍在前引导，自己扶了宝玉，逶迤进入山口。抬头忽见山上有镜面白石一块，正是迎面留题处。贾政回头笑道：“诸公请看，此处题以何名方妙？”众人听说，也有说该题“叠翠”二字，也有说该题“锦嶂”的，又有说“赛香炉”的，又有说“小终南”的，种种名色，不止几十个。原来众客心中早知贾政要试宝玉的功业进益如何，只将些俗套来敷衍。宝玉亦料定此意。贾政听了，便回头命宝玉拟来。宝玉道：“尝闻古人有云：‘编新不如述旧，刻古终胜雕今。’况此处并非主山正景，原无可题之处，不过是探景一进步耳。莫若直书‘曲径通幽处’这句旧诗在上，倒还大方气派。”众人听了，都赞道：“是极！二世兄天分高，才情远，不似我们读腐了书的。”贾政笑道：“不可谬奖。他年小，不过以一知充十用，取笑罢了。再俟选拟。”

（门前一“翠嶂”挡面前，为“藏”与“隐”，是构园之必要；景露则境界小，景隐则境界大；羊肠小径，可“曲径通幽”，有导向作用。）

说着，进入石洞来。只见佳木茏葱，奇花烔灼，一带清流，从花木深处曲折泻于石隙之下。再进数步，渐向北边，平坦宽豁，两边飞楼插空，雕甍绣槛，皆隐于山坳树杪之间。俯而视之，则清溪泻雪，石磴穿云，白石为栏，环抱池沿，石桥三港，兽面衔吐。桥上有亭。贾政与诸人上了亭子，倚栏坐了，因问：“诸公以何题此？”诸人都道：“当日欧阳公《醉翁亭记》有云：‘有亭翼然’，就名‘翼然’。”贾政笑道：“‘翼然’虽佳，但此亭压水而成，还须偏于水题方称。依我拙裁，欧阳公之‘泻出于两峰之间’，竟用他这一个‘泻’字。”有一客道：“是极，是极。竟是‘泻玉’二字妙。”贾政拈髯寻思，因抬头见宝玉侍侧，便笑命他也拟一个来。宝玉听说，连忙回道："老爷方才所议已是。但是如今追究了去，似乎当日欧阳公题酿泉用一'泻'字，则妥，今日此泉若亦用'泻'字，则觉不妥。况此处虽云省亲驻跸别墅，亦当入于应制之例，用此等字眼，亦觉粗陋不雅。求再拟较此蕴藉含蓄者。"贾政笑道："诸公听此论若何？方才众人编新，你又说不如述古，如今我们述古，你又说粗陋不妥。你且说你的来我听。"宝玉道："有用'泻玉'二字，则莫若'沁芳'二字，岂不新雅？"贾政拈髯点头不语。众人都忙迎合，赞宝玉才情不凡。贾政道："匾上二字容易。再作一副七言对联来。"宝玉听说，立于亭上，四顾一望，便机上心来，乃念道："绕堤柳借三篙翠，隔岸花分一脉香。"贾政听了，点头微笑。众人先称赞不已。

（亭台到处皆临水。亭可用作休憩、赏景，也是园中之景。）

于是出亭过池，一山一石，一花一木，莫不着意观览。忽抬头看见前面一带粉垣，里面数楹修舍，有千百竿翠竹遮映。众人都道："好个所在！"于是大家进入，只见入门便是曲折游廊，阶下石子漫成甬路。上面小小两三间房舍，一明两暗，里面都是合着地步打就的床几椅案。从里间房内又得一小门，出去则是后院，有大株梨花兼着芭蕉。又有两间小小退步。后院墙下忽开一隙，得泉一派，开沟仅尺许，灌入墙内，绕阶缘屋至前院，盘旋竹下而出。

贾政笑道："这一处还罢了。若能月夜坐此窗下读书，不枉虚生一世。"说毕，看着宝玉，唬的宝玉忙垂了头。众客忙用话开释，又说道："此处的匾该题四个字。"贾政笑问："那四字？"一个道是"淇水遗风"。贾政道："俗。"又一个是"睢园雅迹"。贾政道："也俗。"贾珍笑道："还是宝兄弟拟一个来。"贾政道："他未曾作，先要议论人家的好歹，可见就是个轻薄人。"众客道："议论的极是，其奈他何。"贾政忙道："休如此纵了他。"因命他道："今日任你狂为乱道，先设议论来，然后方许你作。方才众人说的，可有使得的？"宝玉见问，答道："都似不妥。"贾政冷笑道："怎么不妥？"宝玉道："这是第一处行幸之处，必须颂圣方可。若用四字的匾，又有古人现成的，何必再作。"贾政道："难道'淇水''睢园'不是古人的？"宝玉道："这太板腐了。莫若'有凤来仪'四字。"众人都哄然叫妙。贾政点头道："畜生，畜生，可谓'管窥蠡测'矣。"因命："再题一联来。"宝玉便念道："宝鼎茶闲烟尚绿，幽窗棋罢指犹凉。"贾政摇头说道："也未见长。"说毕，引众人出来。

（翠竹、梨花和芭蕉，少许的植物为园中所不可缺少。）

方欲走时，忽又想起一事来，因问贾珍道："这些院落房宇并几案桌椅都算有了，还有那些帐幔帘子并陈设玩器古董，可也都是一处一处合式配就的？"贾珍回道："那陈设的东西早已添了许多，自然临期合式陈设。帐幔帘子，昨日听见琏兄弟说，还不全。那原是一起工程之时就画了各处的图样，量准尺寸，就打发人办去的。想必昨日得了一半。"贾政听了，便知此事不是贾珍的首尾，便命人去唤贾琏。

一时，贾琏赶来，贾政问他共有几种，现今得了几种，尚欠几种。贾琏见问，忙向靴桶取靴掖内装的一个纸折略节来，看了一看，回道："妆蟒绣堆、刻丝弹墨并各色绸绫大小幔子一百二十架，昨日得了八十架，下欠四十架。帘子二百挂，昨日俱得了。外有猩猩毡帘二百挂，金丝藤红漆竹帘二百挂，黑漆竹帘二百挂，五彩线络盘花帘二百挂，每样得了一半，也不过秋天都全了。椅搭，桌围，床裙，桌套，每分一千二百件，也有了。"

（室内家具被称作“屋肚肠”，可见其重要。屋内陈设能反映出地位、权势、格调、情趣、时尚及文化氛围。就器具、品种和数量而言，足见贾府的显赫气派。）

一面走，一面说，倏尔青山斜阻。转过山怀中，隐隐露出一带黄泥筑就矮墙，墙头皆用稻茎掩护。有几百株杏花，如喷火蒸霞一般。里面数楹茅屋。外面却是桑、榆、槿、柘、各色树稚新条，随其曲折，编就两溜青篱。篱外山坡之下，有一土井，旁有桔槔辘轳之属。下面分畦列亩，佳蔬菜花，漫然无际。

贾政笑道：“倒是此处有些道理。固然系人力穿凿，此时一见，未免勾引起我归农之意。我们且进去歇息歇息。”说毕，方欲进篱门去，忽见路旁有一石碣，亦为留题之备。众人笑道：“更妙，更妙，此处若悬匾待题，则田舍家风一洗尽矣。立此一碣，又觉生色许多，非范石湖田家之咏不足以尽其妙。”贾政道：“诸公请题。”众人道：“方才世兄有云，‘编新不如述旧’，此处古人已道尽矣，莫若直书‘杏花村’妙极。”贾政听了，笑向贾珍道：“正亏提醒了我。此处都妙极，只是还少一个酒幌。明日竟作一个，不必华丽，就依外面村庄的式样作来，用竹竿挑在树梢。”贾珍答应了，又回道：“此处竟还不可养别的雀鸟，只是买些鹅鸭鸡类，才都相称了。”贾政与众人都道：“更妙。”贾政又向众人道：“‘杏花村’固佳，只是犯了正名，村名直待请名方可。”众客都道：“是呀。如今虚的，便是什么字样好？”

大家想着，宝玉却等不得了，也不等贾政的命，便说道：“旧诗有云：‘红杏梢头挂酒旗’。如今莫若‘杏帘在望’四字。”众人都道：“好个‘在望’！又暗合‘杏花村’意。”宝玉冷笑道：“村名若用‘杏花’二字，则俗陋不堪了。又有古人诗云：‘柴门临水稻花香’，何不就用‘稻香村’的妙？”众人听了，亦发哄声拍手道：“妙！”贾政一声断喝：“无知的业障，你能知道几个古人，能记得几首熟诗，也敢在老先生前卖弄！你方才那些胡说的，不过是试你的清浊，取笑而已，你就认真了！”

说着，引人步入茆堂，里面纸窗木榻，富贵气象一洗皆尽。贾政心中自是欢喜，却瞅宝玉道。“此处如何？”众人见问，都忙悄悄的推宝玉，教他说好。宝玉不听人言，便应声道：“不及‘有凤来仪’多矣。”贾政听了道：“无知的蠢物！你只知朱楼画栋，恶赖富丽为佳，那里知道这清幽气象。终是不读书之过！”宝玉忙答道：“老爷教训的固是，但古人常云‘天然’二字，不知何意？”

众人见宝玉牛心，都怪他呆痴不改。今见问‘天然’二字，众人忙道：“别的都明白，为何连‘天然’不知？‘天然’者，天之自然而有，非人力之所成也。”宝玉道：“却又来！此处置一田庄，分明见得人力穿凿扭捏而成。远无邻村，近不负郭，背山山无脉，临水水无源，高无隐寺之塔，下无通市之桥，峭然孤出，似非大观。争似先处有自然之理，得自然之气，虽种竹引泉，亦不伤于穿凿。古人云‘天然图画’四字，正畏非其地而强为地，非其山而强为山，虽百般精而终不相宜……”未及说完，贾政气的喝命：“叉出去，”刚出去，又喝命：“回来！”命再题一联：“若不通，一并打嘴！”宝玉只得念道：“新涨绿添浣葛处，好云香护采芹人。”

贾政听了，摇头说：“更不好。”一面引人出来，转过山坡，穿花度柳，抚石依泉，过了荼蘼架，再入木香棚，越牡丹亭，度芍药圃，入蔷薇院，出芭蕉坞，盘旋曲折。忽闻水声潺湲，泻出石洞，上则萝薜倒垂，下则落花浮荡。众人都道：“好景，好景！”贾政道：“诸公题以何名？”众人道：“再不必拟了，恰恰乎是‘武陵源’三个字。”贾政笑道：“又落实了，而且陈旧。”众人笑道：“不然就用‘秦人旧舍’四字也罢了。”宝玉道：“这越发过露了。‘秦人旧舍’说避乱之意，如何使得？莫若‘蓼汀花溆’四字。”贾政听了，更批胡说。

（假作真时真亦假。构园造景贵在“自然”二字，再者，园中景物要和谐统一。贾宝玉批评得有理，人为痕迹太重，不顾及景与景之间的衔接，必是“硬伤”，煞风景。）

于是要进港洞时，又想起有船无船。贾珍道：“采莲船共四只，座船一只，如今尚未造成。”贾政笑道：“可惜不得入了。”贾珍道：“从山上盘道亦可以进去。”说毕，在前导引，大家攀藤抚树过去。只见水上落花愈多，其水愈清，溶溶荡荡，曲折萦迂。池边两行垂柳，杂着桃杏，遮天蔽日，真无一些尘土。忽见柳阴中又露出一个折带朱栏板桥来，度过桥去，诸路可通，便见一所清凉瓦舍，一色水磨砖墙，清瓦花堵。那大主山所分之脉，皆穿墙而过。

贾政道：“此处这所房子，无味的很。”因而步入门时，忽迎面突出插天的大玲珑山石来，四面群绕各式石块，竟把里面所有房屋悉皆遮住，而且一株花木也无。只见许多异草：或有牵藤的，或有引蔓的，或垂山巅，或穿石隙，甚至垂檐绕柱，萦砌盘阶，或如翠带飘飖，或如金绳盘屈，或实若丹砂，或花如金桂，味芬气馥，非花香之可比。贾政不禁笑道：“有趣！只是不大认识。”有的说：“是薜荔藤萝。”贾政道：“薜荔藤萝不得如此异香。”宝玉道：“果然不是。这些之中也有藤萝薜荔。那香的是杜若蘅芜，那一种大约是茝兰，这一种大约是清葛，那一种是金䔲草，这一种是玉蕗藤，红的自然是紫芸，绿的定是青芷。想来《离骚》、《文选》等书上所有的那些异草，也有叫做什么藿蒳姜荨的，也有叫做什么纶组紫绛的，还有石帆、水松、扶留等样，又有叫什么绿荑的，还有什么丹椒、蘼芜、风连。如今年深岁改，人不能识，故皆象形夺名，渐渐的唤差了，也是有的。”未及说完，贾政喝道：“谁问你来！”唬的宝玉倒退，不敢再说。

（由陆路而水路，游园行进方式的变换，也能增添游兴。花、草是园景重要的元素，奇花异草更显出造园的讲究，但也要赏园者“识得”才行。此处玲珑石为主景，花草衬托，颇合造园之理。）

贾政因见两边俱是超手游廊，便顺着游廊步入。只见上面五间清厦连着卷棚，四面出廊，绿窗油壁，更比前几处清雅不同。贾政叹道：“此轩中煮茶操琴，亦不必再焚名香矣。此造已出意外，诸公必有佳作新题以颜其额，方不负此。”众人笑道：“再莫若‘兰风蕙露’贴切了。”贾政道：“也只好用这四字。其联若何？”一人道：“我倒想了一对，大家批削改正。”念道是：“麝兰芳霭斜阳院，杜若香飘明月洲。”众人道：“妙则妙矣，只是‘斜阳’二字不妥。”那人道：“古人诗云‘蘼芜满手泣斜晖’。”众人道：“颓丧，颓丧。”又一人道：“我也有一联，诸公评阅评阅。”因念道：“三径香风飘玉蕙，一庭明月照金兰。”贾政拈髯沉吟，意欲也题一联。忽抬头见宝玉在旁不敢则声，因喝道：“怎么你应说话时又不说了？还要等人请教你不成！”宝玉听说，便回道：“此处并没有什么‘兰麝’、‘明月’、‘洲渚’之类，若要这样着迹说起来，就题二百联也不能完。”贾政道：“谁按着你的头，叫你必定说这些字样呢？”宝玉道：“如此说，匾上则莫若‘蘅芷清芬’四字。对联则是：“吟成豆蔻诗犹艳，睡足酴醾梦也香。”贾政笑道：“这是套的‘书成蕉叶文犹绿’，不足为奇。”众客道：“李太白‘凤凰台’之作，全套‘黄鹤楼’，只要套得妙。如今细评起来，方才这一联，竟比‘书成蕉叶’犹觉幽娴活泼。视‘书成’之句，竟似套此而来。”贾政笑道：“岂有此理！”

说着，大家出来。行不多远，则见崇阁巍峨，层楼高起，面面琳宫合抱，迢迢复道萦纡，青松拂檐，玉栏绕砌，金辉兽面，彩焕螭头。贾政道："这是正殿了，只是太富丽了些。"众人都道："要如此方是。虽然贵妃崇节尚俭，天性恶繁悦朴，然今日之尊，礼仪如此，不为过也。"一面说，一面走，只见正面现出一座玉石牌坊来，上面龙蟠螭护，玲珑凿就。贾政道："此处书以何文?"众人道："必是'蓬莱仙境'方妙。"贾政摇头不语。宝玉见了这个所在，心中忽有所动，寻思起来，倒像那里曾见过的一般，却一时想不起那年月日的事了。贾政又命他作题，宝玉只顾细思前景，全无心于此了。众人不知其意，只当他受了这半日的折磨，精神耗散，才尽词穷了，再要考难逼迫，着了急，或生出事来，倒不便。遂忙都劝贾政："罢，罢，明日再题罢了。"贾政心中也怕贾母不放心，遂冷笑道："你这畜生，也竟有不能之时了。也罢，限你一日，明日若再不能，我定不饶。这是要紧一处，更要好生作来!"

说着，引人出来，再一观望，原来自进门起，所行至此，才游了十之五六。又值人来回，有雨村处遣人回话。贾政笑道："此数处不能游了。虽如此，到底从那一边出去，纵不能细观，也可稍览。"说着，引客行来，至一大桥前，见水如晶帘一般奔入。原来这桥便是通外河之闸，引泉而入者。贾政因问："此闸何名?"宝玉道："此乃沁芳泉之正源，就名'沁芳闸'。"贾政道："胡说，偏不用'沁芳'二字。"

于是一路行来，或清堂茅舍，或堆石为垣，或编花为牖，或山下得幽尼佛寺，或林中藏女道丹房，或长廊曲洞，或方厦圆亭，贾政皆不及进去。因说半日腿酸，未尝歇息，忽又见前面又露出一所院落来，贾政笑道："到此可要进去歇息歇息了。"说着，一径引人绕着碧桃花，穿过一层竹篱花障编就的月洞门，俄见粉墙环护，绿柳周垂。贾政与众人进去，一入门，两边都是游廊相接。院中点衬几块山石，一边种着数本芭蕉，那一边乃是一棵西府海棠，其势若伞，丝垂翠缕，葩吐丹砂。众人赞道："好花，好花! 从来也见过许多海棠，那里有这样妙的。"贾政道："这叫做'女儿棠'，乃是外国之种。俗传系出'女儿国'中，云彼国此种最盛，亦荒唐不经之说罢了。"众人笑道："然虽不经，如何此名传久了?"宝玉道："大约骚人咏士，以此花之色红晕若施脂，轻弱似扶病，大近乎闺阁风度，所以以'女儿'命名。想因被世间俗恶听了，他便以野史纂入为证，以俗传俗，以讹传讹，都认真了。"众人都摇身赞妙。

一面说话，一面都在廊外抱厦下打就的榻上坐了。贾政因问："想几个什么新鲜字来题此?"一客道："'蕉鹤'二字最妙。"又一个道："'崇光泛彩'方妙。"贾政与众人都道："好个'崇光泛彩'!"宝玉也道："妙极。"又叹："只是可惜了。"众人问："如何可惜?"宝玉道："此处蕉棠两植，其意暗蓄'红'、'绿'二字在内。若只说蕉，则棠无着落，若只说棠，蕉亦无着落。固有蕉无棠不可，有棠无蕉更不可。"贾政道："依你如何?"宝玉道："依我，题'红香绿玉'四字，方两全其妙。"贾政摇头道："不好，不好!"

（园中长廊既是行走之道，也是一景。崇阁、层楼，属园林建筑，起点景作用，锦上添花而已，宜少不宜多，宜隐不宜显，宜散不宜聚，恰到好处并与环境始终相映衬。蕉棠二株，也符合以少胜多的定理。）

说着，引人进入房内。只见这几间房内收拾的与别处不同，竟分不出间隔来的。原来四面皆是雕空玲珑木板，或"流云百蝠"，或"岁寒三友"，或山水人物，或翎毛花卉，或集锦，或博古，或万福万寿各种花样，皆是名手雕镂，五彩销金嵌宝的。一槅一槅，或有贮书处，或有设鼎处，或安置笔砚处，或供花设瓶，安放盆景处。其槅各式各样，或天圆地方，或葵花蕉叶，或连环半璧。真是花团锦簇，剔透玲珑。倏尔五色纱糊就，竟系小窗，倏尔彩绫轻覆，竟系幽户。且满墙满壁，皆系随依古董玩器之形抠成的槽子。诸如琴、剑、悬瓶、桌屏之类，虽悬于壁，却都是与壁相平的。众人都赞："好精致想头！难为怎么想来，"

（园林与建筑同理，都是空间的艺术。隔显深，耐看；畅则浅，一览无遗。室内室外以轻纱相"隔"，平添静谧气氛。室内陈设种种文化物品，营造出高雅的艺术气息，也是士大夫知识和风雅的象征。布置陈列，谨严有序，颇合章法。）

原来贾政等走了进来，未进两层，便都迷了旧路，左瞧也有门可通，右瞧又有窗暂隔，及到了跟前，又被一架书挡住。回头再走，又有窗纱明透，门径可行，及至门前，忽见迎面也进来了一群人，都与自己形象一样，——却是一架玻璃大镜相照。及转过镜去，益发见门子多了。贾珍笑道："老爷随我来。从这门出去，便是后院，从后院出去，倒比先近了。"说着，又转了两层纱厨锦槅，果得一门出去，院中满架蔷薇、宝相。转过花障，则见青溪前阻。众人诧异："这股水又是从何而来?"贾珍遥指道："原从那闸起流至那洞口，从东北山坳里引到那村庄里，又开一道岔口，引到西南上，共总流到这里，仍旧合在一处，从那墙下出去。"众人听了，都道："神妙之极，"说着，忽见大山阻路。众人都道"迷了路了。"贾珍笑道："随我来。"仍在前导引，众人随他，直由山脚边忽一转，便是平坦宽阔大路，豁然大门前见。众人都道："有趣，有趣，真搜神夺巧之至!"于是大家出来。

（文如看山不喜平，观园也是一样。大观园仅此一处就"曲尽其妙"，令人叹为观止。）

［简析］中国古典文学名著中，往往把优美的古典园林作为小说或戏曲中的主人公活动的典型环境，在优美的园林艺术氛围里，故事情节得以充分展开，人物性格得以充分展现，一出出人间悲喜剧在此上演。作家凭藉自己的才华，尽情展开丰富的想像和联想，对园林环境、园林布局、园林竟境、艺术氛围、景观人文着意进行描摹、叙写、刻划和渲染，使读者如同身临其境，真切感受，尽情地享受艺术之美和人文之美。优秀文学作品中多角度、多侧面、多层次、全方位地展示园林之美，实质上也是推广和传播园林建筑理论及知识，促进审美情趣的培养和赏园品位的提高。使读者欣赏文学的同时，也领略到中国园林的无比精美。上文选自清代小说家曹雪芹的《红楼梦》第十七回。曹雪芹在《红》著中设计了一个衔山抱水、千丘万壑、崇阁巍峨，"天上人间诸景备"的大观园，融南北园林技巧、园艺风格于一体，是中国古典园林理论与实践结合的典范。从总体规划、设计原则、景点布局等方面，显示出大与小、曲与直、虚与实、刚与柔、藏与露的辩证统一；反映了人文与景观相融合、人与自然相谐和的造园特点。形象而集中地展示了中国南北园林大观的名园风采。尤其借小说中人物一路游览园景之时，即景评点，发表了许多精到的园林艺术高论，如园林中山石植物的配置，亭阁廊苑的布局，水路石径的联结，多种构园技巧的应用，景名、题额、对联的推敲，景观景点的布置安排，室内物品陈设摆放等等，与造园理论、审美心理以及人们的生活习惯，都是相吻合的。虽是作家"虚构"之园，却也能够成为现实生活中造园的艺术蓝本。"假作真时真亦假"。阅读作品，给人的感觉却像是实地游园、赏园。由此可见，曹雪芹不仅是一位伟大的作家，

而且还是一位名副其实的造园高手。

第二节 景观人文·美学典论

《中国诗文与中国园林艺术》

陈从周

中国园林，名之为“文人园”，它是饶有书卷气的园林艺术。前年建成的北京香山饭店，是贝聿铭先生的匠心，因为建筑与园林结合很好，人们称之为有“书卷气的高雅建筑”，我则首先誉之为“雅洁明净，得清新之致”，两者意思是相同的。足证历代谈中国园林总离不了中国诗文。而画呢？也是以南宗的文人画为蓝本，所谓“诗中有画，画中有诗”，归根到底脱不开诗文一事。这就是中国造园的主导思想。

南北朝以后，士大夫寄情山水，啸傲烟霞，避嚣烦，寄情赏，既见之于行动，又出之以诗文，园林之筑，应时而生，继以隋唐、两宋、元，直至明清，皆一脉相承。白居易之筑堂庐山，名文传诵，李格非之记洛阳名园，华藻吐纳，故园之筑出于文思，园之存，赖文以传，相辅相成，互为促进，园实文，文实园，两者无二致也。

造园看主人，即园林水平高低，反映了园主之文化水平，自来文人画家颇多名园，因立意构思出于诗文。除了园主本身之外，造园必有清客，所谓清客，其类不一，有文人、画家、笛师、曲师、山师等等，他们相互讨论，相机献谋，为主人共商造园。不但如此，在建成以后，文酒之会，畅聚名流，赋诗品园，还有所拆改。明末张南垣，为王时敏造“乐郊园”，改作者再四，于此可得名园之成，非成于一次也。尤其在晚明更为突出。我曾经说过那时的诗文、书画、戏曲，同是一种思想感情，用不同形式表现而已，思想感情的主导是什么？一般是指士大夫思想，而士大夫可说皆为文人，敏诗善文，擅画能歌，其所造园无不出之同一意识，以雅为其主要表现手法了。园寓诗文，复再藻饰，有额有联，配以园记题咏，园与诗文合二为一。所以每当人进入中国园林，便有诗情画意之感，如果游者文化修养高，必然能吟出几句好诗来，画家也能画上几笔晚明清逸之笔的园景来。这些我想是每一个游者所必然产生的情景，而其产生之由就是这个道理。

汤显祖所为《牡丹亭》，而“游园”、“拾画”诸折，不仅是戏曲，而且是园林文学，又是教人怎样领会中国园林的精神实质，“遍青山啼红了杜鹃，那荼靡外烟丝醉软”，“朝日暮卷，云霞翠轩，雨丝风片，烟波画船”。其兴游移情之处真曲尽其妙。是情钟于园，而园必写情也，文以情生，园固相同也。

清代钱泳在《履园丛话》中说：“造园如作诗文，必使曲折有法，前后呼应，最忌堆砌，最忌错杂，方称佳构。”一言道破，造园于作诗文无异，从诗文中可悟造园法，而园林又能兴游以成诗文。诗文于造园同样要通过构思，所以我说造园有名构园。这其中还是要能表达意境。中国美学，首重意境，同一意境可以不同形式之艺术手法出之。诗有诗境，词有词境，曲有曲境，画有画境，音乐有音乐境，而造园之高明者，运文学绘画音乐诸境，难以山水花木，池馆亭台组合出之，人临其境，有诗有画，各臻其妙。故“虽由人作，宛自天开”，中国园林，能在世界上独树一帜者，实以诗文造园也。

诗文言空灵，造园忌堆砌，故“叶上初阳干宿雨，水面清圆，一一风荷举”。言园景虚胜实，论文学亦极尽空灵。中国园林能于有形之景兴无限之情，反过来又产生不尽之景，觥筹交错，迷离难分，情景交融的中国造园手法。《文心雕龙》所谓“为情而造文”，我说为情而造景。情能生文，亦能生景，其源一也。

诗文兴情以造园，园成则必有书斋、吟馆，名为园林，实作读书吟赏挥毫之所，故苏州网师园有看松读画轩，留园有汲古得绠处，绍兴有青藤书屋等，此有名可徵者，还有额虽未名，但实际功能与有额者相同，所以园林雅集文酒之会，成为中国游园的一种方式。历史上的清代北京怡园与南京随园雅集盛况后人传为佳话，留下不少名篇。至于游者漫兴之作，那真太多了。随园以投赠诗，张贴而成诗廊。

读晚明文学小品，宛如游园，而且有许多文字真不啻造园法也，这些文人往往家有名园，或参与园事，所以从明中叶后直到清初，在这段时间中，文人园可说是最发达，水平也高，名家辈出，计成《园冶》，总结反映了这时期的造园思想与造园手法，而文则以典雅骈骊出之，我怀疑其书必经文人润色过，所以非仅仅匠家之书。继起者李渔《一家言居室器玩部》，亦典雅行文，李本文学戏曲家也。文震亨《长物志》更不用说了，文家是以书画诗文传世的，且家有名园，苏州艺圃至今犹存。至于园林记必出文人之手，抒景绘情，增色泉石。而园中匾额起点景作用，几尽人知的了。

中国园林必置顾曲之处，临水池馆则为其地，苏州拙政园卅六鸳鸯馆、网师园濯缨阁尽人皆知者，当时俞振飞先生与其尊人粟庐老人客张氏补园（补园今为拙政园西部），与吴中曲友，顾曲于此，小演于此，曲与园境合而情契，故俞先生之戏具书卷气，其功力实得之文学与园林深也。其尊人墨迹属题于我，知我得意也。

造园言“得体”，此二字得假借于文学，文贵有体，园亦如是。“得体”二字，行文与构园消息相通，因此我曾以宋词喻苏州诸园：网师园如晏小山词，清新不落俗套；留园如吴梦窗词，七室楼台拆下不成片段；而拙政园中部，空灵处如闲云野鹤去来无踪，则姜白石之流了；沧浪亭有若宋诗；怡园仿佛清词，皆能从其境界中揣摩得之。设造园者无诗文基础，则人之灵感又自何来。文体不能混杂，诗词歌赋各据不同情感而成之，决不能以小令引慢为长歌，何种感情，何种内容，成何种文体，皆有其独立性。故郊园、市园、平地园、小麓园，各有其体，亭台楼阁，安排布局，皆须恰如其分，能做到这一点，起码如做文章一样，不讥为“不成体统”了。

总之，中国园林与中国文学，盘根错节，难分难离，我认为研究中国园林，似应先从中国诗文人手，则如求其本，先究其源，然后有许多问题可迎刃而解，如果就园论园，则所解不深。姑提这样肤浅的看法，希望海内外专家将有所指正与教我也。（《园韵》）

思 考 题

1. 试以《大观园试才题对额》为素材，选取文中1～2处景点，用平面图或效果图进行“再现创作”。

2. 收集园林中的亭名、桥名、对联、匾额等文字资料，并加以评析。

3. 举例论述“谈中国园林总离不了中国诗文”这一观点。

附录：中国的世界自然和文化遗产概况

北京市	故宫	文化	1987年批准
	长城	文化	1987年批准
	周口店北京猿人遗址	文化	1987年批准
	颐和园	文化	1998年批准
	天坛	文化	1998年批准
河北省	承德避暑山庄及周围庙宇	文化	1994年批准
	明清皇家陵寝	文化	2000年批准
河南省	洛阳龙门石窟	文化	2000年批准
山西省	平遥古城	文化	1997年批准
江苏省	苏州古典园林	文化	1997年批准
安徽省	黄山	文化、自然	1990年批准
古村落	西递、宏村	文化	2000年批准
福建省	武夷山	文化、自然	1999年批准
江西省	庐山	文化	1996年批准
山东省	泰山	文化、自然	1987年批准
	曲阜孔庙孔林孔府	文化	1994年批准
湖北省	武当山古建筑群	文化	1994年批准
湖南省	武陵源	自然	1992年批准
重庆市	大足石刻	文化	1999年批准
四川省	九寨沟	自然	1992年批准
	黄龙	自然	1992年批准
	峨眉山-乐山大佛	文化、自然	1996年批准
	都江堰-青城山	文化、自然	2000年批准
云南省	丽江古城	文化	1997年批准
西藏区	布达拉宫	文化	1994年批准
陕西省	秦始皇陵兵马俑	文化	1987年批准
甘肃省	敦煌莫高窟	文化	1987年批准

中国世界遗产预备名单（部分）：

云居寺塔及石经（北京房山）、北京古观象台（北京建国门）、卢沟桥（北京丰台）、北海公园（北京西城区）、安济桥（河北赵县）、开元寺塔（河北定州）、独乐寺（天津蓟县）、云冈石窟（山西大同）、佛光寺（山西五台县）、牛河梁遗址（辽宁朝阳市）、佛宫寺释迦塔（山西应县，即“木塔”）、丁村民宅（山西襄汾县）、元上都遗址（内蒙古锡林郭勒盟正蓝旗闪电河)、铜录山古铜矿遗址（湖北省黄石市大冶县)、永乐宫（山西芮县)、西安碑林西安古城墙汉长安古城遗址（西安)、汉大明宫遗址（西安)、殷墟（河南安阳)、神农架自然保护区丝绸之路（中国）、杭州西湖良渚遗址（浙江余杭)、路南石林（云南路南)、程阳永济桥（广西三江，即风雨桥)、江南水乡城镇（苏州周庄、同里)、桂林漓江（广西)、客家土楼（福建)。

参考文献

1. 杨任之编著．诗经探源．青岛：青岛出版社，2000
2. 司马迁．史记．北京：中华书局，1982
3. 班固．汉书．北京：中华书局，1982
4. 李渔．闲情偶寄．长沙：岳麓书社，2000
5. 胡奇光，方环海撰．尔雅译注．上海：上海古籍出版社，1999
6. 孟元老．东京梦华录．北京：文化艺术出版社，1998
7. 朱东润．中国历代文学作品选．上海：上海古籍出版社，1982
8. 苏秉奇．中国文明起源新探．北京：三联书店，1999
9. 王会昌，王云海著．中国旅游文化．重庆：重庆出版社，2001
10. 萧默主编．中国建筑艺术史．北京：文物出版社，1999
11. 彭卿云等主编．中国名胜词典．上海：上海辞书出版社，1998
12. 孙中家，林黎明．中国帝王陵寝．哈尔滨：黑龙江人民出版社，1987
13. 中国风俗通史，上海．上海文艺出版社，2001
14. 曹林娣著．中国园林艺术论．太原：山西教育出版社，2001
15. 罗哲文等编著．中国名塔．天津：百花文艺出版社，2000
16. 陈从周．园韵，上海：上海文化出版社，1999
17. 刘少宗编著．说亭．天津；天津大学出版社，2000
18. 古代艺术三百题．上海：上海古籍出版社，1998
19. 阴法鲁，许树安主编．中国古代文化史．北京．北京大学出版社，1996
20. 周维权．中国古典园林史．北京：清华出版社，2000
21. 赵鑫珊．建筑是首哲理诗．天津：百花文艺出版社，2002
22. 沈之兴，张幼香主编．西方文化史．广州：中山大学出版社，1999
23. 陈筠泉，刘奔主编．哲学与文化．北京：中国社会科学出版社，1995
24. 冯承柏等编著．西方文化精义．武昌：华中理工大学出版社，1998
25. 宗白华．美学散步．上海：上海人民出版社，1982
26. 陈旭著．夏商文化论集．北京：科学出版社，2000
27. 李宏主编．中外建筑史．北京：中国建筑工业出版社，1997
28. 华言实编著．失落的文明丛书．海南：海南出版社，2001
29. 刘育东．建筑的涵意．天津：天津大学出版社，1999
30. 毛小雨编著．城市景观艺术；园林、绿地．南昌：西美术出版社，2000
31. 朱均珍．园林理水艺术．北京：中国林业出版社，1998
32. 葛晓音编著．中国名胜与历史文化．北京：北京大学出版社，1999
33. 姜延秋，沈静编著．世界著名王宫，吉林人民出版社，1999
34. 张松．历史城市保护学导论．上海：上海科技出版社，2001
35. 罗哲文等编著．中国名楼．天津：百花文艺出版社，2000
36. 王振复著．中国建筑的文化历程．上海：上海人民出版社，2000

37. 朱红著．寻找苏州．广州：广东旅游出版社，2000
38. 余传明，筱杨编著．自由人丛书·西部行．成都：四川人民出版社，2002
39. 郦芷若，朱建宁著．西方园林．郑州：河南科技出版社，2001
40. 园林经典编辑委员会编．园林经典．杭州：浙江人民出版社，1999
41. 亢亮，亢羽编著．风水与建筑．天津：百花文艺出版社，1999
42. 老房子丛书．南京：江苏美术出版社，2002
43. 梁思成全集．北京：中国建筑工业出版社，2001
44. 梁思成等摄，林洙编．中国古建筑图典．北京：北京出版社，1999
45. 刘家方著．欧洲建筑精华．上海：生活·读书·新知三联书店，1999
46. 王绍周总主编．中国民族建筑丛书．南京：江苏科技出版社，2002
47. 潘谷西编著．江南理景艺术．南京：东南大学出版社，2001
48. （英）纳特金斯著；杨惠群等译．建筑的故事．上海：上海科技出版社，2001
49. 吴家骅主编．世界建筑导报．深圳：世界建筑导报社
50. 中国地理（网站）
51. 张浪．图解中国园林建筑艺术．合肥：安徽科技出版社，1996
52. 乐嘉龙主编．中外著名建筑 1000 例．杭州：浙江科技出版社，1991
53. 徐千里．创造与评价的人文尺度．北京：中国建筑工业出版社，2000
54. 柳正恒编著．中国世界自然与文化遗产旅游、宫殿、坛庙、陵墓、长城．湖南地图出版社，2002
55. 中国乡土建筑丛书．杭州：浙江人民美术出版社，2000
56. 张伯山等编著．中国自然与人文景观集成．北京：光明日报出版社．1999